运筹学
学习指导及题解

朱求长 朱希川 编著

图书在版编目(CIP)数据

运筹学学习指导及题解/朱求长,朱希川编著. —武汉:武汉大学出版社,2008.2
　ISBN 978-7-307-06022-7

　Ⅰ.运… Ⅱ.①朱… ②朱… Ⅲ.运筹学—高等学校—教学参考资料　Ⅳ.O22

中国版本图书馆 CIP 数据核字(2007)第 179390 号

责任编辑:顾素萍　　　责任校对:程小宜　　　版式设计:詹锦玲

出版发行:武汉大学出版社　(430072　武昌　珞珈山)
　　　　　(电子邮件:wdp4@whu.edu.cn　网址:www.wdp.com.cn)
印刷:湖北科学技术出版社黄冈印刷厂
开本:720×1000　1/16　印张:11.5　字数:205 千字　插页:1
版次:2008 年 2 月第 1 版　2008 年 2 月第 1 次印刷
ISBN 978-7-307-06022-7/O・375　　　定价:16.00 元

版权所有,不得翻印;凡购我社的图书,如有缺页、倒页、脱页等质量问题,请与当地图书销售部门联系调换。

前　言

本书是为了配合我们所写的《运筹学及其应用》一书的教学而编写的。《运筹学及其应用》于 1993 年由武汉大学出版社出版后不久，武汉大学商学院工商管理硕士朱希川便将该书中全部习题做出解答，并编写成册，在内部发行。那些习题解答便是本书的一部分重要内容。

本书的目的是为了帮助读者能更好地学习、理解和掌握运筹学的基本概念、基本原理和基本方法。我们按照与《运筹学及其应用》一书同样的体系，将本书分成了 8 章，每章的内容由基本要求、内容说明、新增例题、习题解答、新增习题及其解答五部分组成。

内容说明部分包含了我们对运筹学中某些内容的认识和理解，或是对某些内容的处理方法。它们是我们长期从事运筹学教学的一些心得体会。我们把这些看法和做法写出来，供大家讨论。不妥之处，欢迎批评指正。

这本学习指导书，不仅对学习运筹学的学生会起到加深理解、牢固掌握运筹学知识的作用，而且对从事运筹学教学的教师也可能有些帮助。本书对《运筹学及其应用》中的习题给出了详尽的解答，另外新增加了一些习题，可用作学生课外训练。

为了简单起见，本书正文中把《运筹学及其应用》一书简称为教材[1]。书中打 * 号部分可作为选学和选讲内容。

本书从国内外出版的运筹学书籍中选取了部分例题或习题。在此，谨向有关作者致谢。

编　者

于仰恩大学

2007 年 7 月

目　录

第一章　线性规划模型和单纯形法 ······················· 1
　一、基本要求 ··· 1
　二、内容说明 ··· 2
　三、新增例题 ··· 8
　四、习题解答 ··· 18
　五、新增习题 ··· 41

第二章　对偶理论和灵敏度分析 ······························· 45
　一、基本要求 ··· 45
　二、内容说明 ··· 47
　三、新增例题 ··· 53
　四、习题解答 ··· 60
　五、新增习题 ··· 79

第三章　运输问题 ·· 83
　一、基本要求 ··· 83
　二、内容说明 ··· 83
　三、新增例题 ··· 85
　四、习题解答 ··· 91
　五、新增习题 ··· 99

第四章　线性规划在管理中的应用 ··························· 103
　一、基本要求 ··· 103
　二、内容说明 ··· 103
　三、新增例题 ··· 103
　四、习题解答 ··· 113
　五、新增习题 ··· 119

第五章　目标规划 …… 122
一、基本要求 …… 122
二、内容说明 …… 122
三、新增例题 …… 123
四、习题解答 …… 127
五、新增习题 …… 134

第六章　整数规划 …… 136
一、基本要求 …… 136
二、内容说明 …… 136
三、新增例题 …… 137
四、习题解答 …… 141
五、新增习题 …… 154

第七章　网络规划 …… 156
一、基本要求 …… 156
二、内容说明 …… 156
三、新增例题 …… 157
四、习题解答 …… 159
五、新增习题 …… 168

第八章　网络计划 …… 170
一、基本要求 …… 170
二、内容说明 …… 170
三、新增例题 …… 170
四、习题解答 …… 172
五、新增习题 …… 179

第 一 章
线性规划模型和单纯形法

一、基本要求

下面分节给出本章基本要求.

1.1 什么是线性规划

1. 了解什么是线性规划问题和线性规划模型,明确线性规划模型的三个组成部分以及线性规划模型的特征.

2. 初步学会建立简单的线性规划模型.

3. 知道线性规划模型的一般形式和标准形式,会将一个给定的线性规划问题化为标准形.

4. 掌握线性规划问题的可行解、可行解集、最优解和最优值等基本概念.

1.2 求解线性规划问题的基本定理

1. 明确图解法的两个基本步骤,会用它求解含两个变量的线性规划问题,懂得图解法给求解一般线性规划问题提供的几何启示.

2. 了解凸集和极点两个概念.

3. 深刻理解并熟记三个重要的基本概念:基、基解和基可行解. 给出一个基以后,会求出它对应的基解,并会判断此基解是否为基可行解. 在此基础上,进一步懂得可行基、最优基的概念.

4. 理解各个基本定理的含义及其在求解线性规划问题中的重要作用,知道每个定理回答什么问题. 在此基础上,懂得单纯形法的基本思想.

1.3 单纯形法的基本步骤

1. 懂得单纯形表的制作,了解公式推导的基本思想.

2. 深刻理解单纯形表中各数的意义、表的作用,会熟练进行单纯形表的变换.

3. 会利用单纯形表判别可行基的最优性,能熟练地进行换基工作.

4. 熟练掌握单纯形法的基本步骤,能迅速、准确地应用单纯形法解题.

1.4 人工变量法

1. 掌握两阶段法的基本步骤，明确各阶段的任务和做法，了解人工变量的作用，能熟练地运用两阶段法解题.

2^*. 了解当辅助问题的最优基中含有人工变量时的处理方法.

3^*. 了解大 M 法.

1.5 单纯形法应用的特例

1. 了解如何从一张最优表发现有多重最优解的可能性，以及如何获得其他最优解的方法.

2. 知道退化、循环的概念.

3. 会根据辅助问题的求解结果判断何时所给问题无可行解.

4. 知道对具有无界可行解集的线性规划问题可能有最优解，也可能无最优解.

1.6* 改进单纯形法

了解改进单纯形法的基本思想和做法.

1.7* 若干定理的证明

了解定理证明的主要步骤.

二、内容说明

1. 关于 LP 模型

LP 模型(即线性规划模型)由三部分组成，即一组决策变量、一个目标函数和一组约束条件. 下面我们稍加说明.

(1) 关于决策变量的性质. 在线性规划模型中，所有决策变量都是连续型变量，它们可以取整数，也可以取分数，还可以取无理数，而不能限定它们必须取整数值. 有些运筹学书籍中，在讲到线性规划时，一开始举例就举的是决策变量表示产品件数的例题. 这样做欠妥，因为产品件数必须是整数，与 LP 模型的要求不符合. 当然在线性规划例题中，不是说完全不能介绍决策变量须取整数值的例题，但是必须说明，在 LP 模型中，对于变量取整数值这一点是不考虑的，只是当最优解求出来以后，常通过对最优解的数值进行四舍五入的办法来取整(但必须符合约束条件). 当最优解中各变量的取值都比较大时，这种做法也大体可行，若要得到精确的整数最优解，则必须运用整数规划的方法.

(2) 关于决策变量的选取. 建立 LP 模型的第一步就是选取决策变量. 在一些简单的 LP 问题中,很容易确定决策变量的含义. 但在有些较为复杂的 LP 问题中,决策变量的选取就不是那么显而易见的事了. 如在运输问题中,问如何组织调运,才能使总运费最少? 又如在投资问题中,问如何进行投资,才能使企业在若干年后获利最大? 这时需要彻底弄清楚,究竟需要决策的具体问题是什么,然后才能根据需要决策的问题选取决策变量.

(3) 关于目标函数. 它是决策变量的线性函数,我们要求它的最大值或最小值.

(4) 关于约束条件. 约束条件分为两部分:一部分是一些线性等式或不等式,它们称为函数约束;另一部分为对于决策变量符号限制的约束.

2. 关于 LP 模型的标准形

在我们所写的教材[1]中,LP 模型的标准形或说标准形的 LP 模型有三个特征:

第一,对目标函数规定为求其最小值,即 $\min \quad z = \boldsymbol{c}^{\mathrm{T}}\boldsymbol{x}$.

第二,要求全部函数约束均为等式,即 $\boldsymbol{Ax} = \boldsymbol{b}$.

第三,要求全部决策变量非负,即 $\boldsymbol{x} \geqslant \boldsymbol{0}$.

目前在国内外出版的运筹学书籍中,在 LP 模型的标准形这个问题上尚不统一,主要的有两种形式,其差别仅在于对目标函数的要求有所不同. 有的书上规定为求 z 的最大值(相应的问题称为最大化问题),有的书上规定为求 z 的最小值(相应的问题称为最小化问题). 在教材[1]中,我们采用的是最小化问题的形式.

从原则上说,这两种形式都是可以的,二者的求解方法并无实质性差别,且解最大化问题可以转化为解最小化问题,反之,解最小化问题亦可转化为解最大化问题.

但从教学的角度,从有利于初学者学习的角度考虑,根据我们在教学中的体会,我们觉得选取最小化问题,即以

$$\min \quad z = \boldsymbol{c}^{\mathrm{T}}\boldsymbol{x},$$
$$\text{s.t.} \quad \boldsymbol{Ax} = \boldsymbol{b},$$
$$\boldsymbol{x} \geqslant \boldsymbol{0}$$

作为 LP 模型的标准形较好,这种做法对后续内容的教学至少可以带来两点好处:

(1) 给两阶段法的学习带来方便. 我们知道,在两阶段法中,要构作一个辅助问题,其目标函数 f 是各个人工变量之和. 不管所规定的标准形是最大化问题还是最小化问题,对辅助问题而言,永远是求 f 的最小值,即辅助

问题总是一个最小化问题. 我们将标准形规定为最小化问题, 这样, 辅助问题一经作出, 它就是一个标准形 LP 问题了, 就可以立即用所学的单纯形法求解, 而不需再经过任何的转化. 如果将标准形规定为最大化问题, 则在辅助问题作出以后, 还需将它转化为最大化问题, 才能用所学方法求解, 这样就比较麻烦. 当然对于非常熟悉单纯形法的人来说, 只要稍加变换, 亦可将适用于最大化问题的单纯形法用于最小化问题. 但对于初学者来说, 这样做毕竟还是有些困难的, 而且是很不习惯的.

标准形是最小化问题, 两阶段法中的辅助问题也是最小化问题, 二者一致, 这样, 读者在学习两阶段法时也感到很容易记住.

(2) 给对偶单纯形法带来简化. 在对偶单纯形法中, 当决定出基变量后, 为确定入基变量, 需要作一些比值, 要从这些比值中选取一个最大的或最小的.

在教材[1]中, 我们将标准形取为最小化问题, 又以

$$\sigma_j = c_B B^{-1} p_j - c_j$$

作为检验数. 按此选择, 将使对偶单纯形法中要作出的比值形式非常简单.

设在单纯形表中, $\bar{b}_r$ 所在的行为出基变量行, 则对该行中每个取负值的系数 $\bar{a}_{rj}$, 我们作比值 $\frac{\sigma_j}{\bar{a}_{rj}}$. 然后也是根据最小比值法则来确定入基变量: 设

$$\min_{1 \leq j \leq n} \left\{ \frac{\sigma_j}{\bar{a}_{rj}} \middle| \bar{a}_{rj} < 0 \right\} = \frac{\sigma_s}{\bar{a}_{rs}},$$

则 x_s 为入基变量.

由于对标准形选择之不同, 以及对于检验数规定之不同, 在做上述比值时, 有的书上则或者要对分子加上负号, 成为 $\frac{-\sigma_j}{\bar{a}_{rj}}$; 或者要对分母加上负号, 成为 $\frac{\sigma_j}{-\bar{a}_{rj}}$; 或者不加负号, 而用取绝对值之形式, 成为 $\left|\frac{\sigma_j}{\bar{a}_{rj}}\right|$; 或者什么符号也不加, 而采用最大比值原则, 即按 $\max_{1 \leq j \leq n} \left\{ \frac{\sigma_j}{\bar{a}_{rj}} \right\}$ 来确定入基变量. 这些做法都较为麻烦, 会给初学者在学习和掌握对偶单纯形法时带来一些困难. 我们在教材[1]中采用的比值形式较为简单, 且与普通单纯形法一样, 都是使用最小比值法则. 这样, 读者很容易记住.

3. 关于基、基解和基可行解

这是单纯形法中最重要的三个基本概念. 用单纯形法解 LP 问题怎么做? 首先就是要找一个基, 而且要求是可行基.

我们在教材[1]中, 以一个变量组或说变量集合来定义一个基, 即若约

束方程组中某 m 个变量的系数列向量线性无关,则称此 m 个变量(作为一个整体)为一个基. 这样定义基,使得基变量和非基变量的引出非常自然:基中的变量叫基变量,不是基中的变量叫非基变量. 然后令全部非基变量取 0,从约束方程组求得一解 x,它就叫做基解,若 $x \geqslant 0$,就称它为基可行解.

  运筹学诞生于国外,有些名词翻译成中文时有不同名称. 基解是从英文 basic solution 翻译过来的. 有些书上将它翻译成为"基础解"或"基本解". 若只谈及 basic solution 词组,这样翻译也未尝不可,但是在介绍 basic solution 后,紧接着就要说到"basic feasible solution". 于是有些书上就将这一英文名词译成"基础可行解"或"基本可行解". 这些名称,按照中文的字面意思,就不太好理解,或不够清楚. 比如说"基本可行解"这个概念,说某解是一个基本可行解,按照中文意思,该解似乎只是"基本可行的",还不是"完全可行的",这显然与"basic feasible solution"的原意不符. 所以,还是将"basic solution"就译为"基解"为好. 所谓基解,简而言之,就是由基所确定的(或决定的)解. 这样,"basic feasible solution"就可以翻译成"基可行解". 从中文来看,这样翻译无不妥之处.

  在目前国外出版的运筹学书籍中,关于基的定义有两种形式:一种是以一个矩阵来定义一个基,即若约束方程组的系数矩阵 A 中的某 m 阶子矩阵 B 是可逆的(或说非奇异的),则称 B 为 LP 问题的一个基;另一种是以一个变量组来定义一个基,如我们在教材[1]中所述. 在我国国内出版的运筹学书籍中,一般都采用第一种定义,但在一些最优化方面的书籍中,有一些作者则采用第二种定义.

  从原则上说,这两种定义在数学内涵上是相互等价的,但我们在教材[1]中采用了第二种定义,这样做,我们体会它有一些好处.

  比如在单纯形法中,我们是用单纯形表作为一个基本工具进行算题的. 而单纯形表是由基决定的,不同的基有不同的单纯形表. 给定一张单纯形表以后,问它是哪个基的单纯形表? 当我们以变量组作为基的定义时,这个问题就非常容易回答,因为单纯形表的最左边一列就已经把基的内容清清楚楚地写出来了. 我们一眼就可直接看出,这个基是由哪些变量组成的.

  当初始基不是最优基时就需要进行换基工作. 换基意味着什么?换入什么?换出什么?这些问题,当采用我们在教材[1]中基的定义时,就可以明明白白地从表中看出,读者很容易理解和掌握.

  在两阶段法中,尤其在运输问题中,更可以显示出以变量组定义基的好处,此处就不多说了.

4. 关于单纯形表

单纯形表是求解线性规划问题的基本工具. 读者要彻底弄清楚单纯形表的制作方法,表的特征,表中各数的含义,表的变换和表的应用. 在国内外出版的运筹学书籍中,特别是有关中文书籍中,单纯形表的形式各式各样,很不一致. 有些比较烦琐,实则可以简化. 简单明了是数学语言的一大特点,也是一大优点,对表格的要求亦然.

为了了解单纯形表应取何种形式为好,我们看看单纯形表的本质是什么以及求解 LP 问题中,是如何应用单纯形表进行运算的.

单纯形法求解的问题是标准形 LP 问题. 为了使目标函数方程和约束方程在形式上完全一致,我们把目标函数方程的右端移到左端,且暂不考虑非负条件,于是我们得到由目标函数方程和全部约束方程组成的一个方程组:

$$\begin{cases} z - c_1 x_1 - c_2 x_2 - \cdots - c_n x_n = 0, \\ a_{11} x_1 + a_{12} x_2 + \cdots + a_{1n} x_n = b_1, \\ \cdots\cdots\cdots\cdots\cdots\cdots\cdots\cdots\cdots\cdots\cdots\cdots \\ a_{m1} x_1 + a_{m2} x_2 + \cdots + a_{mn} x_n = b_m. \end{cases} \quad (1.1)$$

给定了一个基 β 以后,我们想求出 β 所对应的基解. 为此,对方程组 (1.1) 进行一系列的等价变形,使它最后变成能很好满足我们求解需要的一种"特殊形式",我们把它叫做方程组 (1.2)(没有写出). 它有两个特征:

(1) 在约束方程组中,每个基变量的系数列向量都是单位列向量.

(2) 在目标函数方程中,全部基变量的系数都为 0.

与方程组 (1.1) 等价的,却具有特殊形式的方程组 (1.2) 对我们求解 LP 问题十分有用. 由该方程组立刻可知,基 β 所确定的基解是什么,这个基是不是可行基. 如果是可行基,进一步还要问它是不是最优基.

正因为如此,为了使运算简单,方便,明了,我们就把方程组 (1.2) 的增广矩阵制成一张表格的形式,这就是单纯形表的核心内容. 又为了更加清楚起见,在上述增广矩阵的上边和左边分别加上一行和一列,作些说明,这样,就得到了一张完整的单纯形表.

因为单纯形表与方程组 (1.2) 所包含的实质内容完全是一样的,而方程组 (1.2) 又是由方程组 (1.1) 经过一些等价变形得来的,所以就按照方程组 (1.1) 原有的上下左右顺序来制作单纯形表是最好的. 这样做显得很自然,对单纯形表也就觉得容易理解,容易记忆,容易运用.

按照我们在教材 [1] 中采用的单纯形表的形式,在用手算 LP 问题时,计算工作显得非常方便,可以一张表接一张表地进行,而且第二张表比第一张表更简单,这样使求解 LP 问题的整个计算变得简单方便,容易进行.

在有些书的单纯形表中,把目标函数中的全部变量的系数 $c_1,c_2,\cdots,c_n$ 都写上,同时又把其中全部基变量的系数再单独写一列,这样做的目的可能是为了算检验数. 实际上,在具体算题时,若从所给问题的约束方程组中很容易找到一个初始可行基,则或可直接写出检验数,或可对目标函数方程经过简单变换而得到检验数;当所给问题比较复杂,一下找不到初始可行基时,则用两阶段法去得到一个初始可行基,再经过简单变换就可得到所给问题的一张初始单纯形表了(也就求得了检验数). 所以目标函数中的各个系数,没有必要写在单纯形表中.

至于有些书中的单纯形表还要复杂,有些单纯形表中没有目标函数值等,这些问题在此处就不多说了.

5. 关于最小比值的确定

在单纯形法中,为确定出基变量,需要用到最小比值法则. 设 x_s 为入基变量,令

$$\theta = \min_{1 \leqslant i \leqslant m}\left\{\frac{\bar{b}_i}{\bar{a}_{is}} \bigg| \bar{a}_{is} > 0\right\}.$$

必须注意,作比值时,只对入基变量列中那些为正数的 $\bar{a}_{is}$ 作比值,对取 0 值或取负数的 $\bar{a}_{is}$ 则不作比值. 当某个 $\bar{a}_{is} = 0$ 时,就不作比值 $\frac{\bar{b}_i}{\bar{a}_{is}}$,这一点,学生容易记住,因为他们知道,分母不能为 0. 但当某个 $\bar{a}_{is} < 0$ 时,常有学生还是照样作比值,从而犯错误. 例如,若某张单纯形表如表 1.1 所示. 因为 $\sigma_3 = 4 > 0$,故要换基. 显然入基变量是 x_3. 为决定出基变量,有的学生就做出三个比值:

$$\left\{\frac{15}{3}, \frac{2}{-1}, \frac{8}{2}\right\} = \{5, -2, 4\},$$

然后从中选取最小比值即 -2,于是就认为 x_1 为出基变量. 实际上这一做法是错误的. 此题中,只能作两个比值,即 15/3,8/2,其中最小者为 4,故 x_5 为出基变量.

表 1.1

	x_1	x_2	x_3	x_4	x_5	右端	比值
z			4	-1		10	
x_2		1	3	5		15	
x_1	1		-1	6		2	
x_5			2	7		8	

6. 关于两阶段法

要切实明确每个阶段的做法和任务。用两阶段法解题时，首先必须把所给问题化为标准形，然后再做辅助问题。有些学生常将此二者混淆。必须注意，在标准形中，只能有松弛变量，不能有人工变量，且要求每个约束方程的右端$\geqslant 0$。做辅助问题时，要尽量少加人工变量，以减少复杂性和计算量。实践证明，辅助问题越复杂（哪怕只是多引入一个人工变量），计算出错的可能性就越大。

在第一阶段中，有些学生常常出错的是在制作辅助问题的初始单纯形表上。具体说来，就是目标函数行中的数常常写错。实际上，该行各数很容易得到：除基变量的检验数全部为0外，其余各数则是由包含人工变量的行之各系数对应相加。注意，右端列中各数亦须按此法对应相加。有的学生在练习或考试中，等式左边各数加对了，但却忘记将右端各数相加，因而将题目做错了。

在第二阶段中，要特别注意从辅助问题的最优表出发，去获得一张原题目的初始表。有的学生只记得将 f- 行换成 z- 行，并将 z 中各系数反号。他们以为，这就是一张单纯形表了。实则不一定，还须检查 z- 行中基变量的系数是否为0。如不是0，须将它们化为0，才能得到一张标准的单纯形表，然后才可开始后续计算。

三、新增例题

例1 用图解法求解下述问题：

$$\min \quad z = x_1 - 3x_2,$$
$$\text{s.t.} \quad 2x_1 - 4x_2 \leqslant 5, \qquad ①$$
$$-2x_1 + x_2 \leqslant 2, \qquad ②$$
$$x_1 + x_2 \leqslant 5, \qquad ③$$
$$x_1, x_2 \geqslant 0.$$

解 此题的图解结果如图 1.1 所示。图中直线 ① 的方程系将不等式 ① 中的"$\leqslant$"改为"$=$"得来。直线 ② 和 ③ 也是如此。可行解集 S 为图中的多边形 $OABCD$。

将目标函数方程改写为

$$x_2 = \frac{1}{3}x_1 - \frac{1}{3}z,$$

作出让 $z=0$ 和 $z=1$ 的两条目标函数等值线,就会看到:当 z 的数值越来越大时,等值线往下移;而当 z 的取值越来越小时,等值线往上移. 现在我们是要求 $\min z$,故容易知道点 C 为最优解. 点 C 为直线②和③的交点,故有
$$x_1^* = 1, \quad x_2^* = 4; \quad z^* = -11.$$

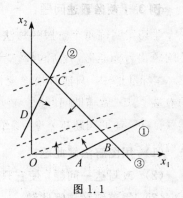

图 1.1

例 2 找出下述问题的一个可行基 β,并作出 β 的单纯形表:

$$\min \ z = -x_1 + 3x_2 + 2x_4,$$
$$\text{s.t.} \quad 5x_2 + x_3 + x_4 \qquad\quad + 2x_6 = 6, \qquad ①$$
$$-x_1 + 2x_2 + 2x_3 \qquad\qquad\quad - 3x_6 = 0, \qquad ②$$
$$9x_2 + 6x_3 \qquad\quad + 3x_5 + 6x_6 = 12, \qquad ③$$
$$x_1, x_2, \cdots, x_6 \geqslant 0.$$

解 从约束方程组可见,x_4, x_1, x_5 这三个变量中的每一个变量都只是在某一个方程中出现,故可选它们为基变量. x_4 的系数列向量已是单位列向量,故方程①不需作任何改变. 将方程②的两边同时乘以 -1,将方程③的两边同除以 3,便可将 x_1 和 x_5 的系数列向量也变为单位列向量. 由此可选 $\beta_0 = \{x_4, x_1, x_5\}$,并得表 1.2 之(Ⅰ). 它还不是标准的单纯形表,因为 z-行中基变量 x_1 和 x_4 的系数不为 0. 将 x_4-行的 2 倍和 x_1-行的 -1 倍加到 z-行,这样可得表 1.2 之(Ⅱ),它已是单纯形表,而且由表可知,$\beta_0 = \{x_4, x_1, x_5\}$ 是一个可行基.

表 1.2

		x_1	x_2	x_3	x_4	x_5	x_6	右端
	z	1	-3		-2			
(Ⅰ)	x_4		5	1	1		2	6
	x_1	1	-2	-2			3	0
	x_5		3	2		1	2	4
	z		9	4			1	12
(Ⅱ)	x_4		5	1	1		2	6
	x_1	1	-2	-2			3	0
	x_5		3	2		1	2	4

例3 考虑下述问题：

$$\max \quad z = -x_1 + 4x_2,$$
$$\text{s.t.} \quad -3x_1 + x_2 \leqslant 6, \quad \text{①}$$
$$x_1 + 2x_2 \leqslant 4, \quad \text{②}$$
$$x_2 \geqslant -3, \quad \text{③}$$
$$x_1 \text{ 无符号约束}.$$

(1) 用图解法解此题.

(2) 改写这一问题，使它只有两个函数约束.

(3) 用单纯形法解此题.

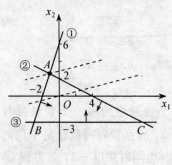

图 1.2

解 (1) 用图解法解此题的结果如图 1.2 所示，可行解集为 $\triangle ABC$. 最优解在 A 点处. 该点为两直线

$$-3x_1 + x_2 = 6,$$
$$x_1 + 2x_2 = 4$$

的交点. 解此方程组，得

$$x_1^* = -\frac{8}{7}, \quad x_2^* = \frac{18}{7};$$

最优值为 $z^* = \frac{80}{7}$.

(2) 令 $x_2' = x_2 + 3$，则 $x_2' \geqslant 0$，又令 $x_1 = x_1' - x_1''$，此处 $x_1', x_1'' \geqslant 0$，于是所给问题变为下面形式：

$$\max \quad z = -x_1' + x_1'' + 4x_2' - 12,$$
$$\text{s.t.} \quad -3x_1' + 3x_1'' + x_2' - 3 \leqslant 6,$$
$$x_1' - x_1'' + 2x_2' - 6 \leqslant 4,$$
$$x_1' \geqslant 0, \ x_1'' \geqslant 0, \ x_2' \geqslant 0.$$

整理后得

$$\max \quad z = -x_1' + x_1'' + 4x_2' - 12,$$
$$\text{s.t.} \quad -3x_1' + 3x_1'' + x_2' \leqslant 9,$$
$$x_1' - x_1'' + 2x_2' \leqslant 10,$$
$$x_1' \geqslant 0, \ x_1'' \geqslant 0, \ x_2' \geqslant 0.$$

(3) 令 $z_1 = -z$，并在两个函数约束中分别引入松弛变量 x_3 和 x_4，将上述问题化为标准形，然后用单纯形法求解. 求解过程如表 1.3 所示.

表 1.3

	x_1'	x_1''	x_2'	x_3	x_4	右端	比值
z_1	-1	1	4			12	
x_3	-3	3	1	1		9	9
x_4	1	-1	②		1	10	5
z_1	-3	3			-2	-8	
x_3	$-7/2$	⑦/2		1	$-1/2$	4	8/7
x_2'	1/2	$-1/2$	1		1/2	5	—
z_1				$-6/7$	$-11/7$	$-80/7$	
x_1''	-1	1		2/7	$-1/7$	8/7	
x_2'			1	1/7	3/7	39/7	

由表 1.3 可得

$$x_1^* = 0 - \frac{8}{7} = -\frac{8}{7}, \quad x_2^* = \frac{39}{7} - 3 = \frac{18}{7};$$

$$z^* = \frac{8}{7} + 4 \times \frac{18}{7} = \frac{80}{7}.$$

例 4 用单纯形法解下述 LP 问题：

$$\max \ z = 5x_1 + 2x_2,$$
$$\text{s.t.} \ 2x_1 + x_2 \leqslant 7,$$
$$-x_1 + x_2 \leqslant 15,$$
$$3x_1 + x_2 \leqslant 9,$$
$$x_1, x_2 \geqslant 0.$$

解 令 $z_1 = -z$，并分别引入松弛变量 x_3, x_4 和 x_5，将所给问题化为标准形. 求解过程如表 1.4 所示.

表 1.4

	x_1	x_2	x_3	x_4	x_5	右端	比值
z_1	5	2					
x_3	2	1	1			7	7/2
x_4	-1	1		1		15	—
x_5	③	1			1	9	3

续表

	x_1	x_2	x_3	x_4	x_5	右端	比值
z_1		1/3			−5/3	−15	
x_3		①/3	1		−2/3	1	3
x_4		4/3		1	1/3	18	27/2
x_1	1	1/3			1/3	3	9
z_1				−1	−1	−16	
x_2		1	3		−2	3	
x_4			−4	1	3	14	
x_1	1		−1		1	2	

由表 1.4 可知 $x_1^* = 2$,$x_2^* = 3$;$z^* = 16$.

例 5 用单纯形法解下述 LP 问题:

$$\max \quad z = 6x_2 - 3x_5,$$
$$\text{s.t.} \quad 2x_2 + x_3 + 4x_5 = 12,$$
$$x_1 + 3x_2 - 3x_5 = 6,$$
$$-5x_2 + x_4 + x_5 = 5,$$
$$x_1, x_2, \cdots, x_5 \geqslant 0.$$

解 令 $z_1 = -z$,取 $\beta_0 = \{x_3, x_1, x_4\}$,求解过程如表 1.5 所示.

表 1.5

		x_1	x_2	x_3	x_4	x_5	右端	比值
（Ⅰ）	z_1		6			−3		
	x_3		2	1		4	12	6
	x_1	1	③			−3	6	2
	x_4		−5		1	1	5	—
（Ⅱ）	z_1	−2				3	−12	
	x_3	−2/3		1		⑥	8	
	x_2	1/3	1			−1	2	
	x_4	5/3			1	−4	15	
（Ⅲ）	z_1	−5/3		−1/2			−16	
	x_5	−1/9		1/6		1	4/3	
	x_2	×	1	×			10/3	
	x_4	×		×	1		61/3	

注意：在表 1.5 之（Ⅰ）中，入基变量列中有负数（−5），故比值列中此行不作比值. 在表 1.5（Ⅱ）的入基变量列中有 −1 和 −4 两个负数，所以主元自然就是 6. 在表 1.5（Ⅲ）中，当算出的检验数全部 $\leqslant 0$ 后，就知已获得最优解，故表中有些数就不必计算了，而用打"×"的符号代表. 最后得

$$x_2^* = \frac{10}{3}, \quad x_4^* = \frac{61}{3}, \quad x_5^* = \frac{4}{3}, \quad x_1^* = x_3^* = 0; \quad z^* = 16.$$

例 6 用单纯形法解下述 LP 问题：

$$\min \ z = 3x_1 - 7x_2 + x_4,$$
$$\text{s.t.} \ \ x_1 \ \ \ \ \ \ \ \ \ + 3x_3 \ \ \ \ \ \ \ \ \ + 2x_5 = 12, \quad \text{①}$$
$$x_2 - 2x_3 + x_4 \ \ \ \ \ \ \ \ = 2, \quad \text{②}$$
$$x_2 + \ x_3 \ \ \ \ \ \ \ \ \ + \ x_5 = 5, \quad \text{③}$$
$$x_1, x_2, \cdots, x_5 \geqslant 0.$$

解 显然，x_1, x_4 可取作初始基变量. x_5 在方程 ③ 中的系数为 1，在方程 ② 中的系数为 0，于是，只要将 x_5 在方程 ① 中的系数也变为 0 则 x_5 也可作为初始基变量，从而便可取 $\beta_0 = \{x_1, x_4, x_5\}$. 而且易知它是可行基. 这是容易做到的，只需将方程 ① 减去方程 ③ 的两倍便可达此目的. 同时，z 中包含有基变量 x_1 和 x_4，也需将其系数都化为 0，才可得单纯形表. 具体做法如表 1.6 之（Ⅰ）和（Ⅱ）所示. 然后，再换两次基，便得表 1.6 之（Ⅳ），它已是最优表了.

表 1.6

		x_1	x_2	x_3	x_4	x_5	右端	比值
	z	−3	7		−1			
（Ⅰ）	x_1	1		3		2	12	
	x_4		1	−2	1		2	
	x_5		1	1		1	5	
	z		2	1			8	
（Ⅱ）	x_1	1	−2	1			2	—
	x_4		①	−2	1		2	2
	x_5		1	1			5	5
	z			5	−2		4	
（Ⅲ）	x_1	1		−3	2		6	—
	x_2		1	−2	1		2	
	x_5			③	−1	1	3	1

续表

		x_1	x_2	x_3	x_4	x_5	右端	比值
(Ⅳ)	z				$-1/3$	$-5/3$	-1	
	x_1	1			1	1	9	
	x_2		1		1/3	2/3	4	
	x_3			1	$-1/3$	1/3	1	

由表 1.6（Ⅳ）可知，$x_1^* = 9$，$x_2^* = 4$，$x_3^* = 1$，$x_4^* = x_5^* = 0$；$z^* = -1$。

例 7 用两阶段法解：

$$\max \quad z = -3x_1 + x_3,$$
$$\text{s.t.} \quad x_1 + x_2 + x_3 \leqslant 6,$$
$$-2x_1 + x_2 - x_3 \geqslant 1,$$
$$3x_2 + x_3 = 9,$$
$$x_1, x_2, x_3 \geqslant 0.$$

解 令 $z_1 = -z$，并分别引入松弛变量 S_1 和 S_2，把所给问题化为标准形：

$$\min \quad z_1 = 3x_1 - x_3,$$
$$\text{s.t.} \quad x_1 + x_2 + x_3 + S_1 = 6,$$
$$-2x_1 + x_2 - x_3 - S_2 = 1,$$
$$3x_2 + x_3 = 9,$$
$$x_1, x_2, x_3, S_1, S_2 \geqslant 0.$$

注意，第一个约束方程中的 S_1 可以作为辅助问题中的初始基变量，该方程不需再加人工变量，故只对第二、第三个约束方程分别引入人工变量 R_2 和 R_3，从而得到辅助问题 $(\widetilde{L})$ 如下：

$$(\widetilde{L}) \quad \min \quad f = R_2 + R_3,$$
$$\text{s.t.} \quad x_1 + x_2 + x_3 + S_1 = 6,$$
$$-2x_1 + x_2 - x_3 - S_2 + R_2 = 1,$$
$$3x_2 + x_3 + R_3 = 9,$$
$$x_1, x_2, x_3, S_1, S_2, R_2, R_3 \geqslant 0.$$

$(\widetilde{L})$ 的求解过程如表 1.7 所示。表 1.7（Ⅳ）的上半部分有两行数，第一行中的各数我们用了一个括号括起来，它们只是将 z_1 中各数反号而得的，但它不符合单纯形表的要求，因其中基变量 x_1 的系数为 -3，不是 0。将 x_1-行的 3 倍加到这行上去，便得 z_1-行中的第二行，它已符合单纯形表的要求。接着便可按照单纯形法的步骤进行最优性判断和换基了。

表 1.7

		x_1	$x_2\downarrow$	x_3	S_1	S_2	R_2	R_3	右端	比值
	f	-2	4			-1			10	
(Ⅰ)	S_1	1	1	1	1				6	6
	$\leftarrow R_2$	-2	①	-1		-1	1		1	1
	R_3		3	1				1	9	3
	f	$6\downarrow$		4		3	-4		6	
(Ⅱ)	S_1	3		2	1	1	-1		5	5/3
	x_2	-2		-1		-1	1			—
	$\leftarrow R_3$	⑥		4		3	-3	1	6	1
	f					-1	-1			
(Ⅲ)	S_1				1	$-1/2$	1/2	$-1/2$	2	
	x_2		1	1/3				1/3	3	
	x_1	1		2/3		1/2	$-1/2$	1/6	1	
	z_1	$(-3$		1)						
				$3\downarrow$		3/2			3	
(Ⅳ)	S_1				1	$-1/2$			2	
	x_2		1	1/3					3	9
	$\leftarrow x_1$	1		②/3		1/2			1	3/2
	z_1	$-9/2$				$-3/4$			$-3/2$	
(Ⅴ)	S_1				1	$-1/2$			2	
	x_2	$-1/2$	1			$-1/4$			5/2	
	x_3	3/2		1		3/4			3/2	

表 1.7 (Ⅴ) 中各检验数已全部 $\leqslant 0$, 说明它已是最优表. 由此得

$$x_1^* = 0, \quad x_2^* = \frac{5}{2}, \quad x_3^* = \frac{3}{2}; \quad z^* = \frac{3}{2}.$$

例 8 解下述 LP 问题:

$$\min \ z = 2x_1 - x_2 + 3x_3,$$
$$\text{s. t.} \quad x_1 + 2x_2 + x_3 \qquad = 15,$$
$$2x_1 \qquad + 5x_3 \qquad = 18,$$
$$2x_1 + 4x_2 + x_3 + x_4 = 10,$$
$$x_1, x_2, x_3, x_4 \geqslant 0.$$

解 显然, x_4 可作初始可行基变量, 故只需加两个人工变量 R_1 和 R_2.

于是得辅助问题如下：

($\tilde{L}$)   min $f = R_1 + R_2$,

s.t. $x_1 + 2x_2 + x_3 \qquad\quad + R_1 \qquad = 15$,

$\quad 2x_1 \qquad\quad + 5x_3 \qquad\qquad + R_2 = 18$,

$\quad 2x_1 + 4x_2 + x_3 + x_4 \qquad\qquad = 10$,

$\quad x_1, x_2, x_3, x_4, R_1, R_2 \geqslant 0$.

($\tilde{L}$)的求解过程如表1.8所示.

表1.8

		x_1	x_2	x_3	x_4	R_1	R_2	右端	比值
	f	3	2	6				33	
(Ⅰ)	R_1	1	2	1		1		15	15
	R_2	2		⑤			1	18	18/5
	x_4	2	4	1	1			10	10
	f	3/5	2				−6/5	57/5	
(Ⅱ)	R_1	3/5	2			1	−1/5	57/5	57/10
	x_3	2/5		1			1/5	18/5	—
	x_4	8/5	④		1		−1/5	32/5	8/5
	f	−1/5			−1/2		−11/10	41/5	
(Ⅲ)	R_1	−1/5			−1/2	1	×	×	
	x_3	2/5		1			1/5	18/5	
	x_2	2/5	1		1/4		−1/20	8/5	

由表1.8（Ⅲ）可知，$f^* = \dfrac{41}{5} > 0$，故所给问题无可行解，当然也就无最优解.

例9 用两阶段法解问题：

max $z = x_1 - 3x_2 + x_3$,

s.t. $x_1 - 2x_2 + x_3 \leqslant 11$,

$\quad 4x_1 - x_2 - 2x_3 \leqslant -3$,

$\quad 2x_1 \qquad - x_3 = -1$,

$\quad x_1, x_2, x_3 \geqslant 0$.

解 用两阶段法解题时，标准形LP问题中，全部函数约束的右端必须都 $\geqslant 0$，而现在的情况是：第二个约束和第三个约束的右端都是负数，故需要将它们的右端都化为正数，然后再引入松弛变量. 由此得所给问题的标准形如下：

(L) $\quad \min \ z_1 = -z = -x_1 + 3x_2 - x_3,$
$\quad \text{s.t.} \quad x_1 - 2x_2 + x_3 + S_1 = 11,$
$\quad \quad \quad -4x_1 + x_2 + 2x_3 \quad - S_2 = 3,$
$\quad \quad \quad -2x_1 \quad + x_3 = 1,$
$\quad \quad \quad \text{一切变量} \geqslant 0.$

第一个约束中的 S_1 可作为初始可行基中的一个基变量，在第二、第三个约束中加人工变量，得辅助问题 $(\widetilde{L})$ 如下：

$(\widetilde{L}) \quad \min \ f = R_2 + R_3,$
$\quad \text{s.t.} \quad x_1 - 2x_2 + x_3 + S_1 = 11,$
$\quad \quad \quad -4x_1 + x_2 + 2x_3 \quad - S_2 + R_2 = 3,$
$\quad \quad \quad -2x_1 \quad + x_3 \quad \quad \quad + R_3 = 1,$
$\quad \quad \quad \text{一切变量} \geqslant 0.$

求解过程如表 1.9 所示.

第一阶段的求解工作如表 1.9（Ⅰ）～（Ⅲ）所示，第二阶段的工作如表 1.9（Ⅳ）～（Ⅵ）所示. 注意，表 1.9（Ⅳ）的 z_1-行中各数只是将问题 (L) 的 z_1 中各系数反号得来，因该行中基变量 x_2 和 x_3 的系数不为 0，故表 1.9（Ⅳ）还不是标准的单纯形表. 将这些系数化为 0，得单纯形表 1.9（Ⅴ）. 再换一次基，得表 1.9（Ⅵ），它已是最优表了.

由此得所给问题的最优解和最优值为

$$x_1^* = 4, \quad x_2^* = 1, \quad x_3^* = 9; \quad z^* = 10.$$

表 1.9

		x_1	x_2	x_3	S_1	S_2	R_2	R_3	右端	比值
	f	-6	1	3		-1			4	
（Ⅰ）	S_1	1	-2	1	1				11	11
	R_2	-4	1	2		-1	1		3	3/2
	R_3	-2		①				1	1	1
	f		1			-1		-3	1	
（Ⅱ）	S_1	3	-2		1			-1	10	—
	R_2		①			-1	1	-2	1	1
	x_3	-2		1				1	1	—

续表

		x_1	x_2	x_3	S_1	S_2	R_2	R_3	右端	比值
	f						-1	-1		
(Ⅲ)	S_1	3			1	-2	2	-5	12	
	x_2		1			-1	1	-2	1	
	x_3	-2		1				1	1	
	z_1	1	-3	1						
(Ⅳ)	S_1	3			1	-2			12	
	x_2		1			-1			1	
	x_3	-2		1					1	
	z_1	3				-3			2	
(Ⅴ)	S_1	③			1	-2			12	4
	x_2		1			-1			1	—
	x_3	-2		1					1	—
	z_1				-1	-1			-10	
(Ⅵ)	x_1	1			1/3	$-2/3$			4	
	x_2		1			-1			1	
	x_3			1	2/3	$-4/3$			9	

四、习题解答

1. 利民服装厂生产男式童装和女式童装. 产品的销路很好, 但有三道工序即裁剪、缝纫和检验限制了生产的发展. 已知制作一件童装需要这三道工序的工时数、预计下个月内各工序所拥有的工时数以及每件童装所提供的利润如表 1.10 所示. 该厂生产部经理希望知道下个月内使利润最大的生产计划.

表 1.10

单位时耗 /(小时/件) 工 序	男式童装	女式童装	下个月生产能力/小时
裁剪	1	3/2	900
缝纫	1/2	1/3	300
检验	1/8	1/4	100
利润/(元/件)	5	8	

(1) 建立这一问题的 LP 模型,并将它化为标准形.
(2) 用图解法求出最优解及最优值.
(3) 每道工序实际上使用了多少工时?
(4) 各个松弛变量的值是多少?

解 (1) 设该厂下月生产男式童装、女式童装的件数分别为 x_1, x_2. 则有下述模型:

$$\max \quad z = 5x_1 + 8x_2,$$
$$\text{s.t.} \quad x_1 + \frac{3}{2}x_2 \leqslant 900 \quad (l_1),$$
$$\frac{1}{2}x_1 + \frac{1}{3}x_2 \leqslant 300 \quad (l_2),$$
$$\frac{1}{8}x_1 + \frac{1}{4}x_2 \leqslant 100 \quad (l_3),$$
$$x_1, x_2 \geqslant 0, \; x_1, x_2 \text{ 为整数}.$$

令 $z_1 = -z$,并分别引入松弛变量 S_1, S_2 和 S_3,得下述标准形:

$$\min \quad z_1 = -5x_1 - 8x_2,$$
$$\text{s.t.} \quad x_1 + \frac{3}{2}x_2 + S_1 = 900,$$
$$\frac{1}{2}x_1 + \frac{1}{3}x_2 + S_2 = 300,$$
$$\frac{1}{8}x_1 + \frac{1}{4}x_2 + S_3 = 100,$$
$$x_1, x_2, S_1, S_2, S_3 \geqslant 0.$$

(2) 用图解法解此题的结果如图 1.3 所示. 最优解为图中 A 点的坐标:
$$x_1^* = 500, \quad x_2^* = 150,$$
最优值为 $z^* = 3\,700$ 元.

(3) 裁剪、缝纫、检验各道工序所用工时分别为
$$500 + \frac{3}{2} \times 150 = 725 \text{ (小时)},$$
$$\frac{1}{2} \times 500 + \frac{1}{3} \times 150 = 300 \text{ (小时)},$$
$$\frac{1}{8} \times 500 + \frac{1}{4} \times 150 = 100 \text{ (小时)}.$$

(4) S_1, S_2, S_3 的值分别为
$$S_1 = 900 - 725 = 175,$$
$$S_2 = 300 - 300 = 0,$$
$$S_3 = 100 - 100 = 0.$$

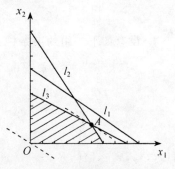

图 1.3

2. 设有下述 LP 问题：

$$\min \quad z = 2x_1 + 2x_2,$$
$$\text{s. t.} \quad x_1 + 3x_2 \leqslant 12,$$
$$3x_1 + x_2 \geqslant 13,$$
$$x_1 - x_2 = 3,$$
$$x_1, x_2 \geqslant 0.$$

(1) 画出其可行域并指出有哪些极点．

(2) 用图解法求出最优解．

解 用图解法解此题的结果如图 1.4 所示．可行域为线段 AB，极点为点 $A(4,1)$ 和点 $B\left(\dfrac{21}{4}, \dfrac{9}{4}\right)$．最优解为 $(4,1)$．

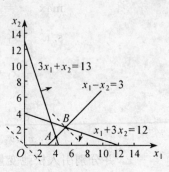

图 1.4

3. 给定下述 LP 问题：

$$\max \quad z = x_1 - 2x_2,$$
$$\text{s. t.} \quad -4x_1 + 3x_2 \leqslant 3,$$
$$x_1 - x_2 \leqslant 3,$$
$$x_1, x_2 \geqslant 0.$$

(1) 画出其可行域，并说明它是不是无界的．

(2) 找出最优解并说明：无界可行域是否意味着最优解也是无界的？

解 (1) 可行域如图 1.5 所示．它是一个无界域．

(2) 最优解为 $(3,0)$．它是有界的．

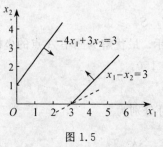

图 1.5

4. 设有如下一组约束条件：

$$x_1 - x_2 \quad\quad + x_4 = 2,$$
$$x_2 + x_3 - x_4 = 3,$$
$$2x_1 + x_2 - x_3 - x_4 = 5,$$
$$x_1, x_2, x_3, x_4 \geqslant 0.$$

问 $\{x_1, x_2, x_3\}, \{x_1, x_2, x_4\}, \{x_1, x_3, x_4\}, \{x_2, x_3, x_4\}$ 中哪些是基，哪些不是基？为什么？如果是基，求出其相应的基解，并说明是否为可行解．

解 因为 x_1, x_2, x_3 对应的系数行列式

$$\begin{vmatrix} 1 & -1 & 0 \\ 0 & 1 & 1 \\ 2 & 1 & -1 \end{vmatrix} = -4 \neq 0,$$

所以 $\{x_1, x_2, x_3\}$ 是基. 在约束方程组中令 $x_4 = 0$, 得方程组:

$$x_1 - x_2 = 2,$$
$$ x_2 + x_3 = 3,$$
$$2x_1 + x_2 - x_3 = 5.$$

由此可求出

$$x_1 = 3, \quad x_2 = 1, \quad x_3 = 2.$$

故 $\{x_1, x_2, x_3\}$ 对应的基解为 $(3, 1, 2, 0)^T$, 它是基可行解.

因为 x_1, x_3, x_4 对应的系数行列式

$$\begin{vmatrix} 1 & 0 & 1 \\ 0 & 1 & -1 \\ 2 & -1 & -1 \end{vmatrix} = -1 - 2 - 1 = -4 \neq 0,$$

所以 $\{x_1, x_3, x_4\}$ 也是一个基. 在约束方程组中令 $x_2 = 0$, 便可求出

$$x_1 = 3, \quad x_3 = 2, \quad x_4 = -1.$$

故 $\{x_1, x_3, x_4\}$ 对应的基解为 $(3, 0, 2, -1)^T$. 因 $x_4 < 0$, 所以, 此基解不是基可行解.

而因为 x_1, x_2, x_4 对应的系数行列式

$$\begin{vmatrix} 1 & -1 & 1 \\ 0 & 1 & -1 \\ 2 & 1 & -1 \end{vmatrix} = -1 + 2 - 2 + 1 = 0,$$

以及 x_2, x_3, x_4 对应的系数行列式

$$\begin{vmatrix} -1 & 0 & 1 \\ 1 & 1 & -1 \\ 1 & -1 & -1 \end{vmatrix} = 1 - 1 - 1 + 1 = 0,$$

所以 $\{x_1, x_2, x_4\}$ 和 $\{x_2, x_3, x_4\}$ 都不是基.

5. 将下列线性规划问题化为标准形:

$$\max \ z = 2x_1 - 3x_2 + x_3 - x_4,$$
$$\text{s.t.} \ \ 3x_1 + x_2 - x_3 - x_4 \leqslant 5,$$
$$x_1 - x_2 + 3x_3 + 2x_4 \geqslant -7,$$
$$4x_1 - x_3 - 2x_4 = -3,$$
$$x_1, x_3 \geqslant 0, \ x_2 \leqslant 0, \ x_4 \text{ 无符号约束}.$$

解 令 $z_1 = -z$，并将第二、第三个约束的右端都化为正数，得

$$\min \quad z_1 = -2x_1 + 3x_2 - x_3 + x_4,$$
$$\text{s.t.} \quad 3x_1 + x_2 - x_3 - x_4 \leqslant 5,$$
$$-x_1 + x_2 - 3x_3 - 2x_4 \leqslant 7,$$
$$-4x_1 \qquad + x_3 + 2x_4 = 3,$$
$$x_1, x_3 \geqslant 0, \; x_2 \leqslant 0, \; x_4 \text{ 无符号约束}.$$

再令 $x_2' = -x_2$，则 $x_2' \geqslant 0$. 又令 $x_4 = x_4' - x_4''$，这里，$x_4' \geqslant 0, x_4'' \geqslant 0$. 同时，在第一个和第二个约束中分别引入松弛变量 x_5 和 x_6. 经过这些工作后，便可得标准形如下：

$$\min \quad z_1 = -2x_1 - 3x_2' - x_3 + x_4' - x_4'',$$
$$\text{s.t.} \quad 3x_1 - x_2' - x_3 - x_4' + x_4'' + x_5 \qquad = 5,$$
$$-x_1 - x_2' - 3x_3 - 2x_4' + 2x_4'' \qquad + x_6 = 7,$$
$$-4x_1 \qquad + x_3 + 2x_4' - 2x_4'' \qquad = 3,$$
$$x_1, x_2', x_3, x_4', x_4'', x_5, x_6 \geqslant 0.$$

6. 设有如下一组约束条件：

$$2x_1 + x_2 \qquad + x_4 = 7,$$
$$x_2 + x_3 \qquad = 3,$$
$$x_1, x_2, x_3, x_4 \geqslant 0.$$

已知下列各点均满足上述两个方程：

(1) $(0, 7, -4, 0)^T$,   (2) $(2, 3, 0, 0)^T$,   (3) $(1, 0, 3, 5)^T$,

(4) $(0, 3, 0, 4)^T$,   (5) $(2.5, 2, 1, 0)^T$.

问其中哪些是可行解，哪些是基解，哪些是基可行解？

解 (1)中的 $x_3 < 0$，故(1)不是可行解，其余的(2),(3),(4)和(5)都是可行解. 由约束方程组知，该问题的基由两个基变量构成，非基变量也有两个. 在基解中，非基变量均取 0 值，故此问题的基解中至少有两个变量取 0 值，所以，只有(2)和(4)可能是基解，而(3)和(5)不是基解. 又因为 x_1 和 x_2 的系数列向量线性无关，x_2 和 x_4 的系数列向量也线性无关，所以(2)和(4)都是基解. 显然，(2)和(4)也都是基可行解.

7. 已知某一线性规划问题的决策变量为 x_1 和 x_2，目标函数为

$$\max z = 4x_1 + 3x_2,$$

约束条件为两个"$\leqslant$"型不等式及非负条件. 令 $z_1 = -z$，且分别引入松弛变量 x_3 和 x_4 后，用单纯形法求解，得到单纯形表 1.11.

表 1.11

	x_1	x_2	x_3	x_4	右端
z_1	a	b	-2	c	-12
x_1	1	3/2	1/2	d	e
x_4	f	1/2	$-1/2$	g	2

(1) 求出表中 a,b,c,d,e,f 和 g 之值.

(2) 问表中所给出的解是否为最优解?

解 由单纯形表的特征可知,基变量 x_1 和 x_4 对应的列向量应是单位列向量,所以
$$a=0, \quad f=0, \quad c=0, \quad d=0, \quad g=1.$$
又当 $x_1=e, x_4=2, x_2=x_3=0$ 时, $z=12$,故有
$$4x_1+3x_2=4e=12.$$
所以 $e=3$. 将上述各数代入所给单纯形表 1.11,我们得到单纯形表 1.12.

表 1.12

	x_1	x_2	x_3	x_4	右端
z_1		b	-2		-12
x_1	1	3/2	1/2		3
x_4		1/2	$-1/2$	1	2

我们把表 1.12 恢复成所给问题的初始表. 为此,把 x_1-行中各数同乘以 4 并将其加到 z_1-行,使 z_1-行中 x_3 的系数变为 0. 再将表 1.12 中 x_1-行加到 x_4-行上,使 x_4-行中 x_3 的系数变为 0. 于是,我们得到表 1.13.

表 1.13

	x_1	x_2	x_3	x_4	右端
z_1	4	$6+b$			
x_3	2	3	1		6
x_4	1	2		1	5

由表 1.13 知,目标函数为
$$\max\ z=4x_1+(6+b)x_2.$$
而题中已给 $\max\ z=4x_1+3x_2$. 比较系数,知 $6+b=3$. 所以 $b=-3$.

8*. 设有下述问题:
$$\max \quad z = x_1 - x_2 + 2x_3,$$
$$\text{s.t.} \quad 2x_1 - 2x_2 + 3x_3 \leqslant 8,$$
$$x_1 + x_2 - x_3 \leqslant 5,$$
$$x_1 - x_2 + x_3 \leqslant 10,$$
$$x_1, x_2, x_3 \geqslant 0.$$

令 $z_1 = -z$,并分别引入松弛变量 x_4, x_5 和 x_6,用单纯形法求解,得到最优表的一部分如表 1.14 所示. 试根据单纯形法的基本原理,求出表 1.14 中没有写出的各数.

表 1.14

	x_1	x_2	x_3	x_4	x_5	x_6	右端
z_1				-1	-1	0	
x_3				1	2	0	
x_2				1	3	0	
x_6				0	1	1	

解 由表 1.14 知,最优基为 $\beta = \{x_3, x_2, x_6\}$,最优基阵为 $\boldsymbol{B} = (\boldsymbol{p}_3, \boldsymbol{p}_2, \boldsymbol{p}_6)$. 根据问题的初始形式和最优表(即表 1.14)中的有关数据,可知

$$\boldsymbol{B}^{-1} = \begin{pmatrix} 1 & 2 & 0 \\ 1 & 3 & 0 \\ 0 & 1 & 1 \end{pmatrix}.$$

由此可以算出表 1.14 中 x_1-列所含的各数. 先算该列下半部分的各个数. 我们有

$$\boldsymbol{B}^{-1}\boldsymbol{p}_1 = \begin{pmatrix} 1 & 2 & 0 \\ 1 & 3 & 0 \\ 0 & 1 & 1 \end{pmatrix} \begin{pmatrix} 2 \\ 1 \\ 1 \end{pmatrix} = \begin{pmatrix} 2+2 \\ 2+3 \\ 1+1 \end{pmatrix} = \begin{pmatrix} 4 \\ 5 \\ 2 \end{pmatrix}.$$

再算检验数 σ_1:

$$\sigma_1 = \boldsymbol{c}_B \boldsymbol{B}^{-1} \boldsymbol{p}_1 - c_1 = (-2, 1, 0) \begin{pmatrix} 4 \\ 5 \\ 2 \end{pmatrix} - (-1)$$

$$= -3 + 1 = -2.$$

现在计算表 1.14 的右端列中各数. 该列中下半部分各数为基变量之取值. 我们有

$$B^{-1}b = \begin{pmatrix} 1 & 2 & 0 \\ 1 & 3 & 0 \\ 0 & 1 & 1 \end{pmatrix} \begin{pmatrix} 8 \\ 5 \\ 10 \end{pmatrix} = \begin{pmatrix} 18 \\ 23 \\ 15 \end{pmatrix}.$$

右端列中最上面一数是目标函数值，它是

$$c_B B^{-1} b = (-2, 1, 0) \begin{pmatrix} 18 \\ 23 \\ 15 \end{pmatrix} = -36 + 23 = -13.$$

由于 x_2 和 x_3 在最优表中都是基变量，所以表1.14中它们对应的列向量都是单位列向量.

将以上各数填入表1.14中，可得该问题的最优表如表1.15所示.

表1.15

	x_1	x_2	x_3	x_4	x_5	x_6	右端
z_1	-2	0	0	-1	-1	0	-13
x_3	4	0	1	1	2	0	18
x_2	5	1	0	1	3	0	23
x_6	2	0	0	0	1	1	15

9. 用单纯形法解下述LP问题：

$$\max \ z = 5x_1 + 6x_2 + 4x_3,$$
$$\text{s.t.} \ -x_1 + 2x_2 + 2x_3 \leqslant 11,$$
$$4x_1 - 4x_2 + x_3 \leqslant 16,$$
$$x_1 + 2x_2 + x_3 \leqslant 19,$$
$$x_1 \geqslant 1, x_2 \geqslant 2, x_3 \geqslant 3,$$

并说明该问题有无穷多个最优解.

解 令 $x_1' = x_1 - 1, x_2' = x_2 - 2, x_3' = x_3 - 3$，则原问题化为

$$\max \ z = 5x_1' + 6x_2' + 4x_3' + 29,$$
$$\text{s.t.} \ -x_1' + 2x_2' + 2x_3' \leqslant 2,$$
$$4x_1' - 4x_2' + x_3' \leqslant 17,$$
$$x_1' + 2x_2' + x_3' \leqslant 11,$$
$$x_1', x_2', x_3' \geqslant 0.$$

显然，求线性规划问题的最优解时，可以先不考虑目标函数中的常数项. 为此，我们求解下述标准形LP问题（其中 S_1, S_2, S_3 为松弛变量）：

$$\min \ z_1 = -5x_1' - 6x_2' - 4x_3',$$

s.t. $\quad -x_1' + 2x_2' + 2x_3' + S_1 \qquad\qquad = 2,$
$\qquad\quad 4x_1' - 4x_2' + \ x_3' \qquad + S_2 \qquad = 17,$
$\qquad\quad x_1' + 2x_2' + \ x_3' + \qquad\qquad + S_3 = 11,$
$\qquad\qquad\qquad\qquad\qquad\text{一切变量} \geqslant 0.$

求解过程如表 1.16 所示.

表 1.16

		x_1'	x_2'	x_3'	S_1	S_2	S_3	右端	比值
	z_1	5	6	4					
(Ⅰ)	S_1	-1	②	2	1			2	1
	S_2	4	-4	1		1		17	—
	S_3	1	2	1			1	11	11/2
	z_1	8		-2	-3			-6	
(Ⅱ)	x_2'	-1/2	1	1	1/2			1	—
	S_2	2		5	2	1		21	21/2
	S_3	②		-1	-1		1	9	9/2
	z_1			2	1		-4	-42	
(Ⅲ)	x_2'		1	3/4	1/4		1/4	13/4	13/3
	S_2			⑥	3	1	-1	12	2
	x_1'	1		-1/2	-1/2		1/2	9/2	—
	z_1					-1/3	-11/3	-46	
(Ⅳ)	x_2'		1		-1/8	-1/8	3/8	7/4	
	x_3'			1	1/2	1/6	-1/6	2	
	x_1'	1			-1/4	1/12	5/12	11/2	

由表 1.16(Ⅳ)可知, 最优解和最优值为

$$x_1' = \frac{11}{2}, \quad x_2' = \frac{7}{4}, \quad x_3' = 2; \quad z_1 = -46.$$

回到原来的问题, 我们有

$$x_1^* = \frac{11}{2} + 1 = \frac{13}{2}, \quad x_2^* = \frac{7}{4} + 2 = \frac{15}{4},$$

$$x_3^* = 2 + 3 = 5; \quad z^* = 46 + 29 = 75.$$

由于此问题的最优表中, 非基变量 S_1 对应的检验数也为 0, 且 S_1 对应的列向量中有一正数(1/2), 故该问题有无穷多个最优解.

10. 某糖果厂利用 A, B, C 三种机械生产 Ⅰ, Ⅱ, Ⅲ 型三种糖果. 已知生

产每吨 Ⅰ 型糖果需要在 A,B,C 上工作的时数分别为 $4,3,4$；Ⅱ 型糖果的相应时数为 $5,4,2$；Ⅲ 型的为 $3,2,1$. A,B,C 三种机械每天可利用的工时数分别为 $12,10,8$. 又知每吨 Ⅰ，Ⅱ，Ⅲ 型糖果所能提供的利润分别为 $6,4,3$ 千元. 现问该厂应如何安排每天 3 种糖果的生产量，才能充分利用现有设备，使该厂获利最大？

解 设该厂每天生产 Ⅰ，Ⅱ，Ⅲ 型糖果的吨数分别为 x_1,x_2,x_3，所获利润为 z. 则有模型：

$$\max \quad z = 6x_1 + 4x_2 + 3x_3,$$
$$\text{s.t.} \quad 4x_1 + 5x_2 + 3x_3 \leqslant 12,$$
$$3x_1 + 4x_2 + 2x_3 \leqslant 10,$$
$$4x_1 + 2x_2 + x_3 \leqslant 8,$$
$$x_1, x_2, x_3 \geqslant 0.$$

令 $z_1 = -z$，并分别引入松弛变量 S_1, S_2, S_3，得下述标准形：

$$\min \quad z_1 = -6x_1 - 4x_2 - 3x_3,$$
$$\text{s.t.} \quad 4x_1 + 5x_2 + 3x_3 + S_1 = 12,$$
$$3x_1 + 4x_2 + 2x_3 + S_2 = 10,$$
$$4x_1 + 2x_2 + x_3 + S_3 = 8,$$
$$x_1, x_2, x_3, S_1, S_2, S_3 \geqslant 0.$$

用单纯形法求解此题的过程如表 1.17 所示.

表 1.17

		x_1	x_2	x_3	S_1	S_2	S_3	右端	比值
	z_1	6	4	3					
（Ⅰ）	S_1	4	5	3	1			12	3
	S_2	3	4	2		1		10	10/3
	S_3	④	2	1			1	8	2
	z_1		1	3/2			$-3/2$	-12	
（Ⅱ）	S_1		3	②	1		-1	4	2
	S_2		5/2	5/4		1	$-3/4$	4	16/5
	x_1	1	1/2	1/4			1/4	2	8
	z_1		$-5/4$		$-3/4$		$-3/4$	-15	
（Ⅲ）	x_3		3/2	1	1/2		$-1/2$	2	
	S_2		5/8		$-5/8$	1	$-1/8$	3/2	
	x_1	1	1/8		$-1/8$		3/8	3/2	

由表 1.17（Ⅲ）知，此时的检验数已全部 $\leqslant 0$，故已得最优解：

$$x_1^* = \frac{3}{2}, \quad x_2^* = 0, \quad x_3^* = 2,$$

最优值为 $z^* = 15$，即该厂每天应生产 Ⅰ 型糖果 3/2 吨，Ⅲ 型糖果 2 吨，才能获得最大利润 15 千元.

11. 解下述 LP 问题：

$$\max \quad z = x_1 + 2x_2 - x_3,$$
$$\text{s.t.} \quad 2x_1 + x_2 - 3x_3 \leqslant 5,$$
$$-4x_1 - x_2 + x_3 \leqslant 4,$$
$$x_1 + 3x_2 \leqslant 6,$$
$$x_1, x_2, x_3 \text{ 均无符号限制}.$$

解 令 $z_1 = -z$，又令

$$x_1 = x_1' - x,$$
$$x_2 = x_2' - x,$$
$$x_3 = x_3' - x,$$

并引入松弛变量 S_1, S_2, S_3，则所给问题可化为下述形式：

$$\min \quad z_1 = -x_1' - 2x_2' + x_3' + 2x,$$
$$\text{s.t.} \quad 2x_1' + x_2' - 3x_3' + S_1 = 5,$$
$$-4x_1' - x_2' + x_3' + 4x + S_2 = 4,$$
$$x_1' + 3x_2' - 4x + S_3 = 6,$$
$$x_1', x_2', x_3', x, S_1, S_2, S_3 \geqslant 0.$$

求解过程如表 1.18 所示.

表 1.18

		x_1'	x_2'	x_3'	x	S_1	S_2	S_3	右端	比值
	z_1	1	2	−1	−2					
（Ⅰ）	S_1	2	1	−3		1			5	5
	S_2	−4	−1	1	4		1		4	—
	S_3	1	③		−4			1	6	2
	z_1	1/3		−1	2/3			−2/3	−4	
（Ⅱ）	S_1	5/3		−3	(4/3)	1		−1/3	3	9/4
	S_2	−11/3		1	8/3		1	1/3	6	9/4
	x_2'	1/3	1		−4/3			1/3	2	

续表

		x_1'	x_2'	x_3'	x	S_1	S_2	S_3	右端	比值
	z_1	$-1/2$		$1/2$		$-1/2$		$-1/2$	$-11/2$	
(Ⅲ)	x	$5/4$		$-9/4$	1	$3/4$		$-1/4$	$9/4$	
	S_2	-7		⑦		-2	1	1		
	x_2	2	1	-3		1			5	
	z_1					$-5/14$	$-1/14$	$-4/7$	$-11/2$	
(Ⅳ)	x	×			1	×	×	×	$9/4$	
	x_3'	-1		1		$-2/7$	$1/7$	$1/7$		
	x_2'	×	1			×	×	×	5	

表 1.18（Ⅳ）已是最优表，其中的 × 代表某些数（没有必要写出，下同）. 最优解为

$$x_1'^* = 0, \quad x_2'^* = 5, \quad x_3'^* = 0, \quad x^* = \frac{9}{4}; \quad z_1^* = -\frac{11}{2}.$$

回到原问题有

$$x_1^* = 0 - \frac{9}{4} = -\frac{9}{4}, \quad x_2^* = 5 - \frac{9}{4} = \frac{11}{4}, \quad x_3^* = 0 - \frac{9}{4} = -\frac{9}{4}; \quad z^* = \frac{11}{2}.$$

12. 解下述 LP 问题：

$$\max \ z = 3x_1 + x_2 + 2x_3,$$
$$\text{s.t.} \quad 12x_1 + 3x_2 + 6x_3 + 3x_4 \qquad\qquad\qquad = 9,$$
$$\qquad\qquad 8x_1 + x_2 - 4x_3 \qquad + 2x_5 \qquad = 10,$$
$$\qquad\qquad 3x_1 \qquad\qquad\qquad\qquad\qquad - x_6 = 0,$$
$$\qquad\qquad x_1, x_2, \cdots, x_6 \geqslant 0.$$

解 令 $z_1 = -z$，并将方程组简化，可得标准形：

$$\min \ z_1 = -3x_1 - x_2 - 2x_3,$$
$$\text{s.t.} \quad 4x_1 + x_2 + 2x_3 + x_4 = 3,$$
$$\qquad\qquad 4x_1 + \frac{1}{2}x_2 - 2x_3 \qquad + x_5 = 5,$$
$$\qquad\qquad -3x_1 \qquad\qquad\qquad\qquad + x_6 = 0,$$
$$\qquad\qquad x_1, x_2, \cdots, x_6 \geqslant 0.$$

求解过程如表 1.19 所示.

表 1.19（Ⅲ）已是最优表，最优解为

$$x_1^* = x_2^* = x_4^* = x_6^* = 0, \quad x_3^* = \frac{3}{2}, \quad x_5^* = 8,$$

最优值为 $z^* = 3$.

表1.19

		x_1	x_2	x_3	x_4	x_5	x_6	右端	比值
	z_1	3	1	2					
(Ⅰ)	x_4	④	1	2	1			3	3/4
	x_5	4	1/2	−2		1		5	5/4
	x_6	−3					1		—
	z_1		1/4	1/2	−3/4			−9/4	
(Ⅱ)	x_1	1	1/4	⟨1/2⟩	1/4			3/4	3/2
	x_5		−1/2	−4	−1	1		2	—
	x_6		3/4	3/2	3/4		1	9/4	3/2
	z_1	−1			−1			−3	
(Ⅲ)	x_3	2	1/2	1	1/2			3/2	
	x_5	8	3/2		1	1		8	
	x_6	−3					1		

13. 作出下述 LP 问题的初始表 (不要求解):

$$\min\ z = 6x_1 - 5x_2 + 2x_3,$$
$$\text{s.t.}\quad 2x_1 - x_2 + 4x_3 \leqslant -3,$$
$$3x_2 - x_3 \geqslant -6,$$
$$x_1 + 3x_2 + 5x_3 \leqslant 14,$$
$$-7x_1 + 2x_3 = -5,$$
$$x_1, x_2, x_3 \geqslant 0.$$

解 先将每个约束的右端变为正数,再引入一些松弛变量,将所给问题化为下述标准形:

$$\min\ z = 6x_1 - 5x_2 + 2x_3,$$
$$\text{s.t.}\quad -2x_1 + x_2 - 4x_3 - S_1 = 3,$$
$$-3x_2 + x_3 + S_2 = 6,$$
$$x_1 + 3x_2 + 5x_3 + S_3 = 14,$$
$$7x_1 - 2x_3 = 5,$$
$$x_1, x_2, x_3, S_1, S_2, S_3 \geqslant 0,$$

现用两阶段法解此题. 作辅助问题:

$$\min \quad f = R_1 + R_4,$$
$$\text{s.t.} \quad -2x_1 + x_2 - 4x_3 - S_1 \qquad\qquad + R_1 \qquad\quad = 3,$$
$$-3x_2 + x_3 \qquad\quad + S_2 \qquad\qquad\qquad = 6,$$
$$x_1 + 3x_2 + 5x_3 \qquad\qquad + S_3 \qquad\qquad = 14,$$
$$7x_1 \qquad -2x_3 \qquad\qquad\qquad\qquad + R_4 = 5,$$
$$x_1, x_2, x_3, S_1, S_2, S_3, R_1, R_4 \geqslant 0.$$

辅助问题的求解过程如表 1.20 所示.

表 1.20

		x_1	x_2	x_3	S_1	R_1	S_2	S_3	R_4	右端	比值
	f	5	1	-6	-1					8	
(Ⅰ)	R_1	-2	1	-4	-1	1				3	
	S_2		-3	1			1			6	
	S_3	1	3	5				1		14	14
	R_4	⑦		-2					1	5	5/7
	f		1	$-32/7$	-1				$-5/7$	31/7	
(Ⅱ)	R_1		①	$-32/7$	-1	1			2/7	31/7	31/7
	S_2		-3	1			1			6	
	S_3		3	37/7				1	$-1/7$	93/7	31/7
	x_1	1		$-2/7$					1/7	5/7	
	f					-1			-1		
(Ⅲ)	x_2		1	$-32/7$	-1	1			2/7	31/7	
	S_2			$-89/7$	-3	3	1		6/7	135/7	
	S_3			133/7	3	-3		1	-1		
	x_1	1		$-2/7$					1/7	5/7	

表 1.20 (Ⅲ) 已是最优表.

在表 1.20 (Ⅲ) 中画去 R_1- 列和 R_4- 列,把 f- 行改写成 z- 行(包括把 f 中的系数改成 z 中的相应系数),这样就得到表 1.21 (Ⅰ). 把该表的 z- 中 x_1 的系数(-6)和 x_2 的系数(5)都化为 0,就将它化成标准的单纯形表 1.21 (Ⅱ),它就是所求问题的一张初始单纯形表.

表 1.21

		x_1	x_2	x_3	S_1	S_2	S_3	右端	比值
（Ⅰ）	z	-6	5	-2					
	x_2		1	$-32/7$	-1			$31/7$	
	S_2			$89/7$	-3	1		$135/7$	
	S_3			$133/7$	3		1		
	x_1	1		$-2/7$				$5/7$	
（Ⅱ）	z			$134/7$	5			$-125/7$	
	x_2		1	$-32/7$	-1			$31/7$	
	S_2			$89/7$	-3	1		$135/7$	
	S_3			$133/7$	3		1		
	x_1	1		$-2/7$				$5/7$	

14. 解下述 LP 问题：

$$\min \ z = 4x_1 + 2x_2 + 3x_3,$$
$$\text{s.t.} \quad x_1 + 3x_2 \geqslant 15,$$
$$x_1 + 2x_3 \geqslant 10,$$
$$2x_1 + x_2 \geqslant 20,$$
$$x_1, x_2, x_3 \geqslant 0.$$

解 注意，x_3 只在第二个约束中出现，其系数为 2. 将该约束两边同除以 2，便使 x_3 的系数变成了 1. 引入松弛变量 S_1, S_2, S_3，将所给问题化为标准形：

$$\min \ z = 4x_1 + 2x_2 + 3x_3,$$
$$\text{s.t.} \quad x_1 + 3x_2 - S_1 = 15,$$
$$\tfrac{1}{2}x_1 + x_3 - S_2 = 5,$$
$$2x_1 + x_2 - S_3 = 20,$$
$$\text{一切变量} \geqslant 0.$$

此时我们可以看到，第二个约束中的 x_3 可以作为初始可行基变量，故作辅助问题时，只须在第一、第三个约束中加人工变量，于是，得辅助问题如下：

$$\min \ f = R_1 + R_3,$$
$$\text{s.t.} \quad x_1 + 3x_2 - S_1 + R_1 = 15,$$
$$\tfrac{1}{2}x_1 + x_3 - S_2 = 5,$$
$$2x_1 + x_2 - S_3 + R_3 = 20,$$

$$x_1, x_2, x_3, S_1, S_2, S_3, R_1, R_3 \geqslant 0.$$

辅助问题的求解过程如表 1.22 所示.

表 1.22

		x_1	x_2	S_1	S_2	S_3	R_1	x_3	R_3	右端	比值
	f	3	4	-1		-1				35	
(Ⅰ)	R_1	1	③	-1			1			15	5
	x_3	1/2			-1			1		5	—
	R_3	2	1			-1			1	20	20
	f	5/3		1/3		-1	$-4/3$			15	
(Ⅱ)	x_2	1/3	1	$-1/3$			1/3			5	15
	x_3	1/2			-1			1		5	10
	R_3	⑤/3		1/3		-1	$-1/3$		1	15	9
	f				-1			-1			
(Ⅲ)	x_2		1	$-2/5$		1/5	×		×	2	
	x_3			$-1/10$	-1	3/10	×	1	×	1/2	
	x_1	1		1/5		$-3/5$	$-1/5$		3/5	9	

表 1.22(Ⅲ) 已是最优表, 在表 1.22(Ⅲ) 中画去 R_1-列和 R_3-列, 并将 f-行改写成 z-行, 便得表 1.23(Ⅰ). 将 z-行中基变量的系数变为 0, 得到一张标准的单纯形表, 即表 1.23 之(Ⅱ), 它已是最优表.

表 1.23

		x_1	x_2	x_3	S_1	S_2	S_3	右端	比值
	z	-4	-2	-3					
(Ⅰ)	x_2		1		$-2/5$		1/5	2	
	x_3			1	$-1/10$	-1	3/10	1/2	
	x_1	1			1/5		$-3/5$	9	
	z				$-3/10$	-3	$-11/10$	83/2	
(Ⅱ)	x_2		1		$-2/5$		1/5	2	
	x_3			1	$-1/10$	-1	3/10	1/2	
	x_1	1			1/5		$-3/5$	9	

最优解和最优值为

$$x_1^* = 9, \quad x_2^* = 2, \quad x_3^* = \frac{1}{2}; \quad z^* = \frac{83}{2}.$$

15. 解下述 LP 问题：

$$\min \quad z = 5x_1 - 6x_2 - 7x_3,$$
$$\text{s. t.} \quad x_1 + 5x_2 - 3x_3 \geqslant 15,$$
$$5x_1 - 6x_2 + 10x_3 \leqslant 20,$$
$$x_1 + x_2 + x_3 = 5,$$
$$x_1, x_2, x_3 \geqslant 0.$$

解 化成标准形以后，可以看到，第二个约束中加的松弛变量可以作初始可行基变量，作辅助问题时，该约束中便可以不加人工变量了，故作如下的辅助问题：

$$\min \quad f = R_1 + R_3,$$
$$\text{s. t.} \quad x_1 + 5x_2 - 3x_3 - S_1 + R_1 = 15,$$
$$5x_1 - 6x_2 + 10x_3 + S_2 = 20,$$
$$x_1 + x_2 + x_3 + R_3 = 5,$$
$$x_1, x_2, x_3, S_1, S_2, R_1, R_3 \geqslant 0.$$

辅助问题的求解过程如表 1.24 所示。

表 1.24

		x_1	x_2	x_3	S_1	R_1	S_2	R_3	右端	比值
	f	2	6	-2	-1				20	
(Ⅰ)	R_1	1	⑤	-3	-1	1			15	3
	S_2	5	-6	10			1		20	—
	R_3	1	1	1				1	5	5
	f	4/5		8/5	1/5	$-6/5$			2	
(Ⅱ)	x_2	1/5	1	$-3/5$	$-1/5$	1/5			3	—
	S_2	31/5		32/5	$-6/5$	6/5	1		38	95/16
	R_3	4/5		⑧/5	1/5	$-1/5$		1	2	5/4
	f					-1		-1		
(Ⅲ)	x_2	1/2	1		$-1/8$	×		×	15/4	
	S_2	3			-2	×	1	×	30	
	x_3	1/2		1	1/8	$-1/8$		5/8	5/4	

表 1.24（Ⅲ）已是最优表。在表 1.24（Ⅲ）中画去 R_1-列和 R_3-列，并将 f-行改写成 z-行，便得表 1.25（Ⅰ），将 z-行中基变量的系数变为 0，得到一张标准的单纯形表，即表 1.25 之（Ⅱ），它已是最优表。

表 1.25

		x_1	x_2	x_3	S_1	S_2	右端	比值
	z	-5	6	7				
（Ⅰ）	x_2	1/2	1		$-1/8$		15/4	
	S_2	3			-2	1	30	
	x_3	1/2		1	1/8		5/4	
	z	$-23/2$			$-1/8$		$-125/4$	
（Ⅱ）	x_2	1/2	1		$-1/8$		15/4	
	S_2	3			2	1	30	
	x_3	1/2		1	1/8		5/4	

最优解和最优值为

$$x_1^* = 0, \quad x_2^* = \frac{15}{4}, \quad x_3^* = \frac{5}{4}; \quad z^* = \frac{125}{4}.$$

16. 解下述 LP 问题：

$$\min \ z = 2x_1 - x_2 + 2x_3,$$
$$\text{s.t.} \ -x_1 + x_2 + x_3 = 4,$$
$$-x_1 + x_2 - x_3 \leqslant 6,$$
$$x_1 \leqslant 0, x_2 \geqslant 0, x_3 \text{ 无符号限制}.$$

解 令 $x = -x_1, x_3 = x_4 - x_5$，将所给问题化为标准形：

$$\min \ z = -2x - x_2 + 2x_4 - 2x_5,$$
$$\text{s.t.} \ x + x_2 + x_4 - x_5 \quad \quad = 4,$$
$$x + x_2 - x_4 + x_5 + S_2 = 6,$$
$$x, x_2, x_4, x_5, S_2 \geqslant 0.$$

这个问题本身比较简单，它只有两个等式约束，而且第二个方程中的 S_2 可以作为初始可行基变量．因此，我们若能在第一个方程中再找出一个可行基变量，则可立即获得一个初始可行基，而不需要运用比较麻烦的两阶段法了．这一点不难做到．事实上，比如我们可以设法使第一个方程中的 x 成为基变量，具体做法如表 1.26 之（Ⅰ）和（Ⅱ）所示．由表 1.26（Ⅱ）可见，可取 $\beta = \{x, S_2\}$ 作为初始可行基．接下去就可以用单纯形法求解了．

表 1.26（Ⅲ）已是最优表．最优解和最优值为

$$x^* = 5, \quad x_2^* = x_4^* = 0, \quad x_5^* = 1; \quad z^* = -12.$$

回到原问题，便有

$$x_1^* = -x^* = -5, \quad x_2^* = 0, \quad x_3^* = x_4^* - x_5^* = -1; \quad z^* = -12.$$

表 1.26

		x	x_2	x_4	x_5	S_2	右端	比值
	z	2	1	-2	2			
(Ⅰ)	x	1	1	1	-1		4	
	S_2	1	1	-1	1	1	6	
	z		-1	-4	4		-8	
(Ⅱ)	x	1	1	1	-1		4	
	S_2			-2	②	1	2	
	z		-1			-2	-12	
(Ⅲ)	x	1	1			1/2	5	
	x_5			-1	1	1/2	1	

注意：在下述第 17 ~ 20 题中有多重解、无界解、无可行解或退化的情况，请指出并说明是怎样用单纯形法得到这些结论的．

17.
$$\max \quad z = 4x_1 + 8x_2,$$
$$\text{s.t.} \quad 2x_1 + 2x_2 \leqslant 10,$$
$$-x_1 + x_2 \geqslant 8,$$
$$x_1, x_2 \geqslant 0.$$

解 令 $z_1 = -z$，并引入松弛变量 S_1 和 S_2，将所给问题化为标准形：
$$\min \quad z_1 = -4x_1 - 8x_2,$$
$$\text{s.t.} \quad 2x_1 + 2x_2 + S_1 = 10,$$
$$-x_1 + x_2 - S_2 = 8,$$
$$x_1, x_2, S_1, S_2 \geqslant 0.$$

由于第一个约束中的 S_1 可以作为初始基变量，故只需在第二个约束中引入人工变量 R_2．于是，得辅助问题如下：
$$\min \quad f = R_2,$$
$$\text{s.t.} \quad 2x_1 + 2x_2 + S_1 = 10,$$
$$-x_1 + x_2 - S_2 + R_2 = 8,$$
$$x_1, x_2, S_1, S_2, R_2 \geqslant 0.$$

辅助问题的求解过程如表 1.27 所示．由表 1.27（Ⅱ）可知，f 之最优值
$$f^* = 3 > 0,$$
故所给问题无可行解，从而无最优解．

表 1.27

		x_1	x_2	S_2	S_1	R_2	右端	比值
（Ⅰ）	f	-1	1	-1			8	
	S_1	2	②		1		10	5
	R_2	-1	1	-1		1	8	8
（Ⅱ）	f	-2		-1	$-1/2$		3	
	x_2	1			1/2		5	
	R_2	-2		-1	$-1/2$	1	3	

18.
$$\max\ z = x_1 + x_2,$$
$$\text{s.t.}\ \ 8x_1 + 6x_2 \geqslant 24,$$
$$4x_1 + 6x_2 \geqslant -12,$$
$$2x_2 \geqslant 4,$$
$$x_1, x_2 \geqslant 0.$$

解 令 $z_1 = -z$，问题的标准形如下：
$$\min\ z_1 = -x_1 - x_2,$$
$$\text{s.t.}\ \ 4x_1 + 3x_2 - S_1 = 12,$$
$$-2x_1 - 3x_2 + S_2 = 6,$$
$$x_2 - S_3 = 2,$$
$$x_1, x_2, S_1, S_2, S_3 \geqslant 0.$$

作辅助问题时，显然第二个方程中的 S_2 可以作为初始基变量，故只需在第一、第三个约束中分别引入人工变量 R_1 和 R_3。为节省篇幅，辅助问题就不写出来了，其求解过程如表 1.28 所示。

表 1.28

		x_1	x_2	S_1	S_3	R_1	S_2	R_3	右端	比值
（Ⅰ）	f	4	4	-1	-1				14	
	R_1	④	3	-1		1			12	3
	S_2	-2	-3				1		6	—
	R_3		1		-1			1	2	—
（Ⅱ）	f		1		-1	-1			2	
	x_1	1	3/4	$-1/4$		1/4			3	4
	S_2		$-3/2$	$-1/2$		1/2	1		12	—
	R_3		①		-1			1	2	2

续表

		x_1	x_2	S_1	S_3	R_1	S_2	R_3	右端	比值
（Ⅲ）	f				-1		-1			
	x_1	1		$-1/4$	$3/4$	$1/4$		×	$3/2$	
	S_2			$-1/2$	$-3/2$	$1/2$	1	×	15	
	x_2		1		-1			1	2	

表 1.28（Ⅲ）已是最优表，在表 1.28（Ⅲ）中画去 R_1-列和 R_3-列，并将 f-行改写成 z_1-行，便得表 1.29（Ⅰ）. 将 z_1-行中基变量的系数变为 0，得到一张标准的单纯形表，即表 1.29 之（Ⅱ）.

表 1.29

		x_1	x_2	S_1	S_3	S_2	右端	比值
（Ⅰ）	z_1	1	1					
	x_1	1		$-1/4$	$3/4$		$3/2$	
	S_2			$-1/2$	$-3/2$	1	15	
	x_2		1		-1		2	
（Ⅱ）	z_1			$1/4$	$1/4$		$-7/2$	
	x_1	1		$-1/4$	$3/4$		$3/2$	
	S_2			$-1/2$	$-3/2$	1	15	
	x_2		1		-1		2	

由表 1.29（Ⅱ）知，S_1 的检验数为正（$=\dfrac{1}{4}$），而它在单纯形表的下半部分中对应的列向量 $\leqslant 0$，从而 $z_1 \to -\infty$，无（有限的）最优解，或说有无界解.

19. $\max \quad z = 2x_1 + x_2 + x_3,$
s.t. $\quad 4x_1 + 2x_2 + 2x_3 \geqslant 4,$
$\quad\quad 2x_1 + 4x_2 \leqslant 20,$
$\quad\quad 4x_1 + 8x_2 + 2x_3 \leqslant 16,$
$\quad\quad x_1, x_2, x_3 \geqslant 0.$

解 令 $z_1 = -z$，问题的标准形如下：

$\min \quad z_1 = -2x_1 - x_2 - x_3,$
s.t. $\quad 2x_1 + x_2 + x_3 - S_1 = 2,$
$\quad\quad x_1 + 2x_2 \quad\quad\quad + S_2 = 10,$
$\quad\quad 2x_1 + 4x_2 + x_3 \quad\quad + S_3 = 8,$
$\quad\quad x_1, x_2, x_3, S_1, S_2, S_3 \geqslant 0.$

作辅助问题时,只需在第一个约束中引入人工变量 R_1,其求解过程如表 1.30 所示.

表 1.30

		x_1	x_2	x_3	S_1	R_1	S_2	S_3	右端	比值
	f	2	1	1	-1				2	
(Ⅰ)	R_1	②	1	1	-1	1			2	1
	S_2	1	2				1		10	10
	S_3	2	4	1				1	8	4
	f					-1				
(Ⅱ)	x_1	1	1/2	1/2	$-1/2$	1/2			1	
	S_2		3/2	$-1/2$	1/2	$-1/2$	1		9	
	S_3		3		1	-1		1	6	

表 1.30(Ⅱ) 已是最优表. 在表 1.30(Ⅱ) 中画去 R_1-列,并将 f-行改写成 z_1-行,便得表 1.31 之(Ⅰ). 将 z_1-行中基变量的系数变为 0,得到一张标准的单纯形表,即表 1.31 之(Ⅱ). 再换一次基,便得表 1.31(Ⅲ),它已是最优表.

表 1.31

		x_1	x_2	x_3	S_1	S_2	S_3	右端	比值
	z_1	2	1	1					
(Ⅰ)	x_1	1	1/2	1/2	$-1/2$			1	
	S_2		3/2	$-1/2$	1/2	1		9	
	S_3		3		1		1	6	
	z_1				1			-2	
(Ⅱ)	x_1	1	1/2	1/2	$-1/2$			1	
	S_2		3/2	$-1/2$	1/2	1		9	18
	S_3		3	①			1	6	6
	z_1		-3				-1	-8	
(Ⅲ)	x_1	1	2	1/2			1/2	4	
	S_2			$-1/2$		1	$-1/2$	6	
	S_1		3		1		1	6	

在表 1.31(Ⅲ) 中非基变量 x_3 的检验数也为 0,且 x_3 对应的列向量中有

正数(1/2)，所以有多重最优解.

20.
$$\max \quad z = 2x_1 + 4x_2,$$
$$\text{s.t.} \quad x_1 + \frac{1}{2}x_2 \leqslant 10,$$
$$x_1 + x_2 = 12,$$
$$x_1 + \frac{3}{2}x_2 \leqslant 18,$$
$$x_1, x_2 \geqslant 0.$$

解 令 $z_1 = -z$，问题的标准形为
$$\min \quad z_1 = -2x_1 - 4x_2,$$
$$\text{s.t.} \quad 2x_1 + x_2 + S_1 = 20,$$
$$x_1 + x_2 = 12,$$
$$2x_1 + 3x_2 + S_3 = 36,$$
$$x_1, x_2, S_1, S_3 \geqslant 0.$$

作辅助问题时，只需引入一个人工变量 R_2. 辅助问题的求解过程如表 1.32 所示.

表 1.32

		x_1	x_2	S_1	R_2	S_3	右端	比值
	f	1	1				12	
（Ⅰ）	S_1	2	1	1			20	
	R_2	1	①		1		12	
	S_3	2	3			1	36	
	f				-1			
（Ⅱ）	S_1	1		1	-1		8	
	x_2	1	1		1		12	
	S_3	-1			-3	1		

表 1.32（Ⅱ）已是最优表.

在表 1.32（Ⅱ）中画去 R_2-列，并将 f-行改写成 z_1-行，便得表 1.33（Ⅰ），将 z_1-行中基变量的系数变为 0，得到一张标准的单纯形表，即表 1.33（Ⅱ），它已是最优表.

由表 1.33（Ⅱ）知，在最优解中基变量 $S_3^* = 0$，有退化解.

表 1.33

		x_1	x_2	S_1	S_3	右端	比值
(Ⅰ)	z_1	2	4				
	S_1	1		1		8	
	x_2	1	1			12	
	S_3	−1			1		
(Ⅱ)	z_1	−2				−48	
	S_1	1		1		8	
	x_2	1	1			12	
	S_3	−1			1		

五、新 增 习 题

1. 用图解法解下述 LP 问题：

(1)
$$\max\ z = x_1 + 4x_2,$$
$$\text{s.t.}\quad x_1 + 2x_2 \leqslant 6,$$
$$3x_1 + 2x_2 \leqslant 12,$$
$$x_2 \leqslant 2,$$
$$x_1, x_2 \geqslant 0;$$

(2)
$$\min\ z = 15x_1 + 20x_2,$$
$$\text{s.t.}\quad x_1 + 2x_2 \geqslant 10,$$
$$2x_1 - 3x_2 \leqslant 6,$$
$$x_1 + x_2 \geqslant 6,$$
$$x_1, x_2 \geqslant 0.$$

2. 找出下列问题的一个可行基 β，并作出 β 的单纯形表：

$$\min\ z = 2x_1 + 4x_2 - x_6,$$
$$\text{s.t.}\quad x_1 + 3x_2 - 2x_3 + 3x_5 = 4,$$
$$x_2 + 4x_3 + 2x_4 + 2x_5 = 10,$$
$$2x_2 - x_3 + 2x_5 - x_6 = 0,$$
$$x_1, x_2, \cdots, x_6 \geqslant 0.$$

3. 用单纯形法解下述 LP 问题：

(1)
$$\max\ z = 2x_1 + x_2,$$

$$\text{s. t.} \quad 5x_2 \leqslant 15,$$
$$6x_1 + 2x_2 \leqslant 24,$$
$$x_1 + x_2 \leqslant 5,$$
$$x_1, x_2 \geqslant 0;$$

(2) $\max \quad z = 5x_1 + 2x_2,$
$$\text{s. t.} \quad 2x_1 + x_2 \leqslant 8,$$
$$x_1 + x_2 \leqslant 5,$$
$$3x_1 + x_2 \leqslant 9,$$
$$x_1, x_2 \geqslant 0;$$

(3) $\min \quad z = 3x_1 - 3x_2 + x_3,$
$$\text{s. t.} \quad 2x_1 - x_2 - x_3 = 1,$$
$$x_2 + 3x_3 + x_4 = 7,$$
$$x_1, x_2, x_3, x_4 \geqslant 0;$$

(4) $\min \quad z = -x_2 + 2x_3,$
$$\text{s. t.} \quad x_1 - 2x_2 + x_3 = 2,$$
$$x_2 - 3x_3 + x_4 = 1,$$
$$x_2 - x_3 + x_5 = 2,$$
$$x_1, x_2, \cdots, x_5 \geqslant 0;$$

(5) $\max \quad z = 4x_1 + 3x_2 + 6x_3,$
$$\text{s. t.} \quad 3x_1 + x_2 + 3x_3 \leqslant 30,$$
$$2x_1 + 2x_2 + 3x_3 \leqslant 40,$$
$$x_1, x_2, x_3 \geqslant 0;$$

(6) $\max \quad z = 3x_1 + 2x_2,$
$$\text{s. t.} \quad 2x_1 + 4x_2 - x_3 \leqslant 5,$$
$$-x_1 + x_2 - x_3 \geqslant -1,$$
$$x_2 - x_3 \geqslant -1,$$
$$x_1, x_2, x_3 \geqslant 0;$$

(7) 验证下列 LP 问题的目标函数无界:
$$\max \quad z = 6x_1 + 2x_2 + 10x_3 + 8x_4,$$
$$\text{s. t.} \quad 3x_1 - 3x_2 + 2x_3 + 8x_4 \leqslant 25,$$
$$5x_1 + 6x_2 - 4x_3 - 4x_4 \leqslant 20,$$
$$4x_1 - 2x_2 + x_3 + x_4 \leqslant 10,$$
$$x_1, x_2, x_3, x_4 \geqslant 0.$$

4. 用两阶段法解下述 LP 问题：

(1) $\quad\min\ z = x_1 - 2x_2,$

$\text{s.t.}\quad x_1 + x_2 \geqslant 2,$

$\qquad -x_1 + x_2 \geqslant 2,$

$\qquad\qquad\quad x_2 \leqslant 3,$

$\qquad\quad x_1, x_2 \geqslant 0;$

(2) $\quad\min\ z = 2x_1 + 4x_2,$

$\text{s.t.}\quad 2x_1 - 3x_2 \geqslant 2,$

$\qquad -x_1 + x_2 \geqslant 3,$

$\qquad\quad x_1, x_2 \geqslant 0;$

(3) $\quad\min\ z = 2x_1 + 3x_2 + x_3,$

$\text{s.t.}\quad x_1 + 4x_2 + 2x_3 \geqslant 8,$

$\qquad 3x_1 + 2x_2 \geqslant 6,$

$\qquad\quad x_1, x_2, x_3 \geqslant 0;$

(4) $\quad\min\ z = 3x_1 + 2x_2 + 4x_3,$

$\text{s.t.}\quad 2x_1 + x_2 + 3x_3 = 60,$

$\qquad 3x_1 + 3x_2 + 5x_3 \geqslant 120,$

$\qquad\quad x_1, x_2, x_3 \geqslant 0.$

新增习题答案

1. (1) $x_1^* = 2,\ x_2^* = 2;\ z^* = 10.$

(2) $x_1^* = 2,\ x_2^* = 4;\ z^* = 110.$

2. 易见 $\beta = \{x_1, x_4, x_6\}$ 是一个可行基，其单纯形表如表 1.34 所示.

表 1.34

	x_1	x_2	x_3	x_4	x_5	x_6	右端
z		4	-5		8		
x_1	1	3	-2		3		4
x_4		1/2	2	1	1		5
x_6		-2	1		-2	1	0

3. (1) $x_1^* = \dfrac{7}{2},\ x_2^* = \dfrac{3}{2};\ z^* = \dfrac{17}{2}.$

(2) $x_1^* = 2,\ x_2^* = 3;\ z^* = 16.$

(3) $x_1^* = 0, x_2^* = \frac{5}{2}, x_3^* = \frac{3}{2}, x_4^* = 0; z^* = -3.$

(4) $x_1^* = \frac{13}{2}, x_2^* = \frac{5}{2}, x_3^* = \frac{1}{2}, x_4^* = x_5^* = 0; z^* = -\frac{3}{2}.$

(5) $x_1^* = 0, x_2^* = 10, x_3^* = 6\frac{2}{3}; z^* = 70.$

(6) $x_1^* = \frac{3}{2}, x_2^* = \frac{1}{2}, x_3^* = 0; z^* = 5\frac{1}{2}.$

(7) 迭代两次后得到一张单纯形表,其中有一个正检验数 34,它所对应的列向量 $(-2,0,-3)^T \leqslant \mathbf{0}$,所以,该问题的目标函数值无上界.

4. (1) $x_1^* = 0, x_2^* = 3; z^* = -6.$

(2) 无可行解.

(3) $x_1^* = \frac{4}{5}, x_2^* = \frac{9}{5}, x_3^* = 0; z^* = 7.$

(4) $x_1^* = 0, x_2^* = 15, x_3^* = 15; z^* = 90.$

第二章
对偶理论和灵敏度分析

一、基本要求

2.1 原问题与对偶问题

本章我们设原问题为

$$\left.\begin{aligned}\min\quad & c^\mathrm{T}x,\\ \text{s.t.}\quad & Ax\geqslant b,\\ & x\geqslant 0,\end{aligned}\right\} \tag{2.1}$$

对偶问题为

$$\left.\begin{aligned}\max\quad & b^\mathrm{T}y,\\ \text{s.t.}\quad & A^\mathrm{T}y\leqslant c,\\ & y\geqslant 0,\end{aligned}\right\} \tag{2.2}$$

这里 A 是矩阵,b,c,x,y 都是列向量.

1. 深刻了解原问题和对偶问题在数学结构上的内在联系.

2. 给出任何一个 LP 问题(不管目标函数是 max 还是 min,不管函数约束中有无等号,不管变量符号是否有限制),都要能立即写出其对偶问题.

3. 通过分析比较一个具体例子的两张最优表(原问题的最优表和对偶问题的最优表),对下述几点对偶性质有初步的、"感性的"认识:

(1) 原问题有最优解时,对偶问题也有最优解,且二者的目标函数值相等;

(2) 一个问题的构造变量和另一个问题的松弛变量之间在取值上有密切的联系;

(3) 一个问题的检验数和另一个问题的最优解之间有密切的联系.

2.2 原问题与对偶问题的深刻联系

1. 了解下述几点事实:

(1) 原问题与对偶问题是互为对偶问题,即已给两个 LP 问题 A 和 B,

若 A 是 B 的对偶问题,则反过来,B 也是 A 的对偶问题.

(2) 原问题与对偶问题二者的目标函数值之间有重要的关系.

比如,对(2.1)的任意一个可行解 x 和(2.2)的任意一个可行解 y,恒有
$$c^T x \geqslant b^T y. \tag{2.3}$$
注意左边是最小化问题的目标函数值,而右边是最大化问题的目标函数值.

又比如,若(2.3)中等号成立,即若对某一个可行解 x^* 及可行解 y^*,有
$$c^T x^* = b^T y^*,$$
则 x^* 和 y^* 分别就是(2.1)和(2.2)的最优解.

2. 深刻理解并记住如下几个重要结果:

(1) 原问题与对偶问题同时有最优解的充分必要条件是二者同时有可行解.

(2) 原问题与对偶问题或者同时都有最优解,或者同时都没有最优解;如果都有最优解,则它们的目标函数值还相等(强对偶问题).

(3) 在原问题和对偶问题的最优解中,一个问题的构造变量和另一个问题的松弛变量在是否取 0 值的问题上具有强烈的互补性.

设 $u_1, u_2, \cdots, u_m$ 是原问题(2.1)中的各个松弛变量,而 $v_1, v_2, \cdots, v_n$ 是对偶问题(2.2)中的各个松弛变量,则在最优解的情况下,恒有
$$x_j^* v_j^* = 0 \quad (j = 1, 2, \cdots, n),$$
$$y_i^* u_i^* = 0 \quad (i = 1, 2, \cdots, m).$$
由此,
$$x_j^* > 0 \Rightarrow v_j^* = 0;$$
$$v_j^* > 0 \Rightarrow x_j^* = 0;$$
$$y_i^* > 0 \Rightarrow u_i^* = 0;$$
$$u_i^* > 0 \Rightarrow y_i^* = 0.$$

注:这一节中有些定理的证明比较复杂,对学生一般不作要求.

2.3 对偶单纯形法

1. 了解对偶单纯形法的基本思想.
2. 明确它和普通单纯形法的异同之处.
3. 熟知对偶单纯形法的基本步骤,会用它解题.

2.4 灵敏度分析

1. 熟知目标函数系数的变化对最优解的影响:

(1) 会求出某个 c_j 变化的容许范围,即当该 c_j 的改变量不超出此范围时,原最优解还是最优解.

(2) 当某些 c_j 同时发生变化时,会判断原最优解还是不是最优解,若不是,会求出新的最优解.

2. 熟知约束右端变化对最优解的影响:

(1) 会求出某个 b_i 变化的容许范围,即当该 b_i 的改变量不超出此范围时,原最优基还是最优基,此时会求出新的最优解和最优值.

(2) 当某些 b_i 同时改变时,会求出新的最优解和最优值.

3. 适当了解下述灵敏度分析内容:

(1) 当约束方程组某个系数发生变化时对最优解的影响.

(2) 增加新的变量后,怎样利用灵敏度分析的方法,求出新的最优解.

(3) 增加新的约束后,怎样利用灵敏度分析的方法,求出新的最优解.

2.5 影子利润(影子价格)

1. 明确影子利润的含义及其计算方法.

2. 会应用影子利润来分析企业管理中的一些实际问题,帮助企业进行科学决策.

二、内容说明

1. 注意 LP 问题的写法

在写对偶问题时,所给问题可能是最大化问题,也可能是最小化问题,约束条件中可能有"$\geqslant$"号,也可能有"$\leqslant$"号或"$=$"号,变量中可能有的有符号限制,也有的没有符号限制.我们写出其对偶问题时,首先必须将它化成一种符合规定要求的形式,这就是:对最大化问题,全部函数约束必须都化为"$\leqslant$"或"$=$"型;而对最小化问题,全部函数约束必须都化成"$\geqslant$"或"$=$"型.值得注意的是:对于给定的 LP 问题,其约束的形式是可以改变的(进行等价变形),"$\leqslant$"可以变成"$\geqslant$","$\geqslant$"亦可以变成"$\leqslant$".但目标函数是 max 或是 min,这一点是不能改变的.因此,下述例 1 中的做法是错误的.

例 1 写出下述问题的对偶问题:
$$\begin{align} \max \quad & z = 2x_1 - 3x_2, \\ \text{s.t.} \quad & 3x_1 - x_2 \geqslant 1, \\ & x_1 + 2x_2 \leqslant 2, \\ & x_1, x_2 \geqslant 0. \end{align}$$

解 令 $z_1 = -z$,将上述最大化问题化为最小化问题:

$$\min \quad z_1 = -2x_1 + 3x_2,$$
$$\text{s. t.} \quad 3x_1 - x_2 \geqslant 1,$$
$$-x_1 - x_2 \geqslant -2,$$
$$x_1, x_2 \geqslant 0.$$

于是,其对偶问题为

$$\max \quad w = y_1 - 2y_2,$$
$$\text{s. t.} \quad 3y_1 - y_2 \leqslant -2,$$
$$-y_1 - y_2 \leqslant 3,$$
$$y_1, y_2 \geqslant 0.$$

上述做法的错误是:将化标准形的办法搬到了这里,把一个 max 问题变成了一个 min 问题,这就违背了原来的题意. 下面是该题的正确做法.

例 2 题同例 1.

解 所给问题是 max 问题,故需将全部函数约束都化为"$\leqslant$"型,于是得到

$$\max \quad z = 2x_1 - 3x_2,$$
$$\text{s. t.} \quad -3x_1 + x_2 \leqslant -1,$$
$$x_1 + x_2 \leqslant 2,$$
$$x_1, x_2 \geqslant 0.$$

其对偶问题为

$$\min \quad w = -y_1 + 2y_2,$$
$$\text{s. t.} \quad -3y_1 + y_2 \geqslant 2,$$
$$y_1 + y_2 \geqslant -3,$$
$$y_1, y_2 \geqslant 0.$$

2. 有关对偶关系的基本性质

教材[1]中的 2.2 节(对偶关系的基本性质)是对偶理论的主要内容. 这一部分理论性比较强,定理的论述证明比较多,因而对许多学生来说,也比较难. 对于管理类专业的学生,不必全部去弄懂,有的只要求有所了解,有的则要求能很好理解,并会运用它们解题. 若干重点内容我们在此略加说明:

(1) 定理 2.4 的强调之点是指出:只要原问题和对偶问题都有可行解,则它们一定都有最优解. 求解一个 LP 问题,就是要求出其最优解. 但有时在具体进行求解工作前,常常希望事先能判断一下所给问题是否有最优解. 若它没有最优解,我们就不必去求解了. 若知道它有最优解,我们再来求解就更有信心了.

在许多情况下，要求最优解常常是比较困难的，而找一个可行解却是非常容易的事（当然要有可行解），只要对原问题和对偶问题都找出一个可行解后，我们马上就知道它们都有最优解.

（2）设原问题（min 型）和对偶问题（max 型）都有可行解. 弱对偶定理（定理 2.2）指出：最小化问题的任何一个可行解所对应的目标函数值 z 都会大于或等于最大化问题的任何一个可行解所对应的目标函数值 w：$z \geqslant w$，即任何一个这样的 z 值都可以作为这种 w 值的一个上界；同样，任何一个这样的 w 值都可以作为这种 z 值的一个下界. 如不需要知道精确的最优值，但希望知道最优值的大致范围时，弱对偶定理能为我们带来方便.（见本章第三部分"新增例题"中的例 4）

（3）强对偶定理（定理 2.5）指出，在互为对偶的两个问题之间存在着极为紧密、极为深刻的内在联系：在它们之间，只要一个问题有最优解，则另一个问题也一定有最优解，而且二者的最优值还相等. 进一步我们还要问，能否同时求出两个问题（原问题和对偶问题）的最优解呢（当然是存在最优解的情况下）？可以. 我们在教材[1]中专门介绍了如何从一个问题的最优表去找出另一个问题的最优解的方法；此法十分简单方便，且很有用.

（4）互补松弛定理告诉我们，在最优解的情况下，原问题的决策变量与对偶问题的松弛变量之间有一种非常紧密的联系，它们中至少有一个必须为 0. 这在解题中是有用的.（参见本章第三部分"新增例题"中的例 5）

3. 关于对偶单纯形法

（1）对偶单纯形法的基本思想

我们知道，一个基要成为最优基，必须同时满足两个条件：

① 全部基变量之取值 $\bar{b}_i \geqslant 0$；

② 全部检验数 $\sigma_j \leqslant 0$.

普通单纯形法的做法是：先找一个基，使它满足第一个条件，然后检查它是否也满足条件②. 若满足，则它就是最优基；若不满足，则进行换基. 每次换基都是在保证条件①始终得到满足的前提下，逐步去满足条件②. 一旦两个条件同时满足，就得到了最优基.

注意条件①和②是相互独立的、平行的，彼此没有任何因果关系. 既然如此，我们为什么不可以先从条件②出发去寻找最优基呢？也就是说，我们可以这样做：先找一个基，使它满足条件②，然后检查它是否也满足条件①. 若满足，则它已是最优基了；若不满足，我们就进行换基. 在每次换基时，始终保证条件②成立，而逐步去满足条件①. 一旦条件①和②都得到满足，那么我们也同样获得了最优基. 这就是对偶单纯形法的基本思想.

(2) 对偶单纯形法的具体算法

对偶单纯形法与普通单纯形法的基本步骤是大体相同的,只不过是每一步的具体要求有些不一样.现将两种方法对比如下:

普通单纯形法:

① 找一个初始基,作出该基的单纯形表,要求一切基变量之取值 $\bar{b}_i \geqslant 0$;

② 检查检验数行,若全部检验数 $\sigma_j \leqslant 0$,则已得最优基,否则转入③;

③ 换基:先决定入基变量,后确定出基变量;

④ 进行单纯形表的变换,得新基的单纯形表,再转②.

对偶单纯形法:

① 找一个初始基,作出该基的单纯形表,要求一切检验数 $\sigma_j \leqslant 0$;

② 检查右端列中基变量之取值,若全部 $\bar{b}_i \geqslant 0$,则已得最优基.否则,转入③;

③ 换基:先决定出基变量,后确定入基变量;

④ 进行单纯形表的变换,得新基的单纯形表,再转②.

按照我们在教材[1]中所阐述的各种概念、原理和方法去做,则无论是在普通单纯形法中,或是在对偶单纯形法中,都是采用最小比值法则,而且比值的做法也很简单容易.读者不必去记忆,哪里是用最小比值法则,哪里又是用最大比值法则,这也就可以减少学习中发生错误的机会.

(3) 关于对偶单纯形法的应用条件

在运用对偶单纯形法解题时,要求首先找一个初始基,它必须满足一切检验数 $\sigma_j \leqslant 0$ 的条件.在有些问题中,这样的基可以立即找出,但在有些问题中,这种基不能很快找到.当然,像两阶段法可以找出一个初始基满足一切 $\bar{b}_i \geqslant 0$ 的情形一样,对于一般的 LP 问题,我们也有办法找出一个满足一切 $\sigma_j \leqslant 0$ 的初始基,但这个方法比较麻烦,我们一般不要求学生掌握,故也不介绍了.

现在我们已经有了普通单纯形法、两阶段法和对偶单纯形法,究竟何时该用何法呢?前两个方法,已讨论很多,此处就对偶单纯形法的应用条件稍作说明.

一般来说,若所给 LP 问题的约束条件均为含有"$\geqslant$"和"$\leqslant$"号的一些不等式,而在变成最小化问题后,目标函数中的各系数全都 $\geqslant 0$,即没有负系数.此时应用对偶单纯形法求解较好.因为在各个不等式中引入松弛变量后,这些松弛变量正好可以组成一个基(不一定是可行基).在作出这个基的单纯形表时,因目标函数中各系数都 $\geqslant 0$,则搬入单纯形表后,这些系数全部要反号,故它们都 $\leqslant 0$,即全部检验数 $\leqslant 0$,于是就可立即用对偶单纯形法求解.

4. 关于灵敏度分析

·关于灵敏度分析的内容

从数学的角度讲，灵敏度分析就是要研究一个 LP 问题的数学模型中可能发生的 5 个方面的变化对最优解的影响。这些工作都是在对 LP 模型求出了最优解以后进行的，所以很多英文书上，把它叫做 Sensitivity Analysis（灵敏度分析），也有的书上叫做 Post-optimality Analysis 或 Postoptimality Analysis（优化后分析）。这 5 项变化中，前两项是最基本的要求，故在此对它们略加说明。

(1) c 的变化对最优解的影响

当某些 c_j 发生变化后，原最优解可能还是最优解，也可能不再是最优解了，需要仔细检查。

当只有一个 c_j 改变，但没有给出其改变的具体数据，而是要求出该 c_j 发生变化的容许范围，即要求回答：它的变化限制在什么范围内时，原最优解还是最优解？做法是：算出新的检验数，要求这些检验数全部 $\leqslant 0$，通过解一些不等式，便可得出所求之范围。

当给出了一个 c_j 或几个 c_j 改变的具体数据，问原最优解还是不是最优解？若不是，则需求出新最优解。做法是：把这些数据代入检验数公式进行计算。若仍有全部检验数 $\leqslant 0$，则原最优解仍是最优解；若有正检验数，则需用普通单纯形法换基，直到求出新最优解。

当有几个 c_j 都有改变时，我们无法求出各个 c_j 同时发生变化的容许范围，因为各个 c_j 的变化是相互影响的。

(2) b 的变化对最优解的影响

当 b 发生改变时，原最优解肯定会发生变化，不再是最优解了。但原最优基可能改变，也可能不变，仍是最优基。

当只有一个 b_i 改变，要求出其变化的容许范围，即问 b_i 的改变限制在什么范围内时，原最优基仍是最优基？做法是：求出各个基变量所取之新值，要求这些新值全部 $\geqslant 0$，这样通过解一些不等式，便可求出 b_i 改变的容许范围。

当给出了一个 b_i 或几个 b_i 改变的具体数据，要求出新最优解，此时，我们仍然要按照公式求出各个基变量所取之新值。若全部新值 $\geqslant 0$，则原最优基仍是最优基。由这些新值，我们就可以获得新的最优解了。若有某个或某些基变量之新值 < 0，则需用对偶单纯形法换基，直至求出新的最优解。

当有若干个 b_i 同时改变时，我们也无法求出各个 b_i 发生变化的容许范围，因为它们的变化相互影响。

• 关于灵敏度分析的方法

从一般的角度来讲,进行灵敏度分析的基本工具是矩阵形式的单纯形表,即表 2.1.

表 2.1

x	右端
$c_B B^{-1} A - c$	$c_B B^{-1} b$
$B^{-1} A$	$B^{-1} b$

但考虑到,第一,单纯形表的公式推导部分,学生感到比较困难,论证所得的上述矩阵形式的单纯形表,学生也不易记住;第二,用此表作灵敏度分析时,需要进行矩阵运算,学生也感到比较困难. 因此,我们在教材[1]中专门介绍了一种不用矩阵运算,而通过分析对此来进行灵敏度分析的方法. 对于我们通常碰到的情况,有这个方法也就够用了.

这一方法的基本思想是:首先将原问题的初始表和新问题(由有些数据发生改变后形成)的初始表加以对比. 然后通过分析原问题初始表到最优表的变化过程,去探知,若对新问题施以同一变化过程,那么新问题初始表将变成怎样的形式? 也就是要对新问题设法得到一张与原问题最优表相应的一张新表. 若该表还不是标准的单纯形表,则把它变为单纯形表,然后就可以利用最优性条件及可行性条件进行分析了.

5. 关于影子价格

这一部分谈的是对偶变量的经济解释,不应当把它说成是对整个对偶问题的经济解释. 当原问题表示资源分配模型时,可以对其对偶问题中的变量,即对偶变量赋予一定的经济含义,而且是给对偶变量在最优解中取值(或对偶问题的最优解中各变量之取值)以某种经济含义.

(1) 关于影子价格的概念

我们来考虑某一企业若干种关键性资源的最优利用问题. 设已为此问题建立了一个 LP 模型,其中目标函数 z 表示利润. 我们并求出了这个 LP 模型的最优解,即为企业提出了最优生产计划方案,当然也就知道了最大利润 z^*.

现在假设该企业拥有一笔资金,想扩大再生产. 这样,自然就要增加资源,即多购买一些资源. 问题是,应优先购买哪些资源,对企业才是最合算的? 为此,需知道每种资源增加一个单位时,给企业增加多少利润.

一个企业,根据自身各方面的实际情况,在按最优计划组织生产的条件下,某种资源增加一个单位给企业总利润带来的增加量(或简称增量)叫做该企业中这种资源的影子价格,或这种资源在该企业的影子价格.所以影子价格与企业有关.同一种资源,在不同的企业,常有不同的影子价格.它又与企业的经营状况有关,即使在同一个企业,由于企业内外情况的变化,同一种资源在不同时期亦会有不同的影子价格.下面在谈到影子价格时,都是就某个企业的某种实际经营状况而言的,以后不再重复声明.

(2) 关于影子价格的求法

按照前面所述影子价格的定义,欲求出第 i 种资源的影子价格 sp_i 时,就要计算出,当该种资源的拥有量由 b_i 个单位,再增加 1 个单位时,目标函数(代表总利润)所获得的增量.

从灵敏度分析中我们已经知道,若 b_i 变化的容许范围 $\geqslant 1$,则第 i 种资源的影子就等于对偶问题的最优解中第 i 个变量之取值,即

$$\mathrm{sp}_i = y_i^*,$$

否则,就要直接按定义求出影子价格.

三、新增例题

例 1 写出下列问题的对偶问题:

$$\max \ z = 3x_1 + 5x_2 - 4x_3 + 6x_4,$$
$$\text{s.t.} \quad 2x_1 - x_2 + x_3 - 2x_4 \leqslant 5,$$
$$-4x_1 + 2x_2 - 3x_3 - x_4 \geqslant -9,$$
$$x_1 + 3x_2 + 2x_3 - 8x_4 = -6,$$
$$x_1, x_3 \geqslant 0, \ x_2, x_4 \ \text{无符号限制}.$$

解 因为所给问题是最大化问题,故需将全部函数约束都有化成"$\leqslant$"型或"$=$"型.为此,我们先根据所给问题制作一表,如表 2.2 所示.

表 2.2

		x_1	x_2	x_3	x_4	约束形式与右端
	max	3	5	-4	6	
y_1		2	-1	1	-2	$\leqslant 5$
y_2		4	-2	3	1	$\leqslant 9$
y_3		-1	3	2	-8	$=-6$
	变量符号	$\geqslant 0$	无限制	$\geqslant 0$	无限制	

该表中除最左边一列的 y_1, y_2, y_3 是对偶变量外,其余部分则是关于原

问题的全部数据和要求. 特别要注意的是,表中最右边一列的"约束形式"必须全部符合规定,即对于最大化问题,约束形式必须都是"$\leqslant$"或"="型,而对于最小化问题,全部约束必须都是"$\geqslant$"或"="型. 有了此表后,便很容易知道其对偶问题为

$$\min \quad w = 5y_1 + 9y_2 - 6y_3,$$
$$\text{s. t.} \quad 2y_1 + 4y_2 - y_3 \geqslant 3,$$
$$y_1 - 2y_2 + 3y_3 = 5,$$
$$y_1 + 3y_2 + 2y_3 \geqslant -4,$$
$$-2y_1 + y_2 - 8y_3 = 6,$$
$$y_1, y_2 \geqslant 0, y_3 \text{ 无符号限制}.$$

例 2 写出下列问题的对偶问题:

$$\min \quad z = \sum_{i=1}^{2} \sum_{j=1}^{3} c_{ij} x_{ij},$$
$$\text{s. t.} \quad x_{11} + x_{12} + x_{13} + x_{14} = a_1,$$
$$x_{21} + x_{22} + x_{23} + x_{24} = a_2,$$
$$x_{11} + x_{21} = b_1,$$
$$x_{12} + x_{22} = b_2,$$
$$x_{13} + x_{23} = b_3,$$
$$x_{14} + x_{24} = b_4,$$
$$\text{一切 } x_{ij} \geqslant 0.$$

解 学到第三章时,我们就知道这是一个运输问题的模型. 为写出其对偶问题,我们先制一表,如表 2.3 所示,其中的 $u_1, u_2, v_1, v_2, v_3, v_4$ 都是对偶变量.

表 2.3

	min	x_{11}	x_{12}	x_{13}	x_{14}	x_{21}	x_{22}	x_{23}	x_{24}	约束形式与右端
		c_{11}	c_{12}	c_{13}	c_{14}	c_{21}	c_{22}	c_{23}	c_{24}	
u_1		1	1	1	1					$= a_1$
u_2						1	1	1	1	$= a_2$
v_1		1				1				$= b_1$
v_2			1				1			$= b_2$
v_3				1				1		$= b_3$
v_4					1				1	$= b_4$
变量符号	全部 $\geqslant 0$									

由表 2.3 可知，对偶问题为

$$\max \quad w = a_1u_1 + a_2u_2 + b_1v_1 + b_2v_2 + b_3v_3 + b_4v_4,$$
$$\text{s. t.} \quad u_1 + v_1 \leqslant c_{11},$$
$$u_1 + v_2 \leqslant c_{12},$$
$$u_1 + v_3 \leqslant c_{13},$$
$$u_1 + v_4 \leqslant c_{14},$$
$$u_2 + v_1 \leqslant c_{21},$$
$$u_2 + v_2 \leqslant c_{22},$$
$$u_2 + v_3 \leqslant c_{23},$$
$$u_2 + v_4 \leqslant c_{24},$$
$$u_1, u_2, v_1, v_2, v_3, v_4 \text{ 无符号限制}.$$

例 3 写出下列问题的对偶问题：

$$\max \quad z = 4x_1 - 5x_2 + 3x_3 + 6x_4 - 7x_5,$$
$$\text{s. t.} \quad 3x_1 + 2x_2 - x_3 \quad\quad + 3x_5 \geqslant 5,$$
$$x_1 \quad\quad + 2x_3 - 4x_4 - x_5 \leqslant 7,$$
$$-x_2 \quad\quad + 2x_4 + 2x_5 = -8,$$
$$-3 \leqslant x_2 \leqslant 9,$$
$$5 \leqslant x_5 \leqslant 12,$$
$$x_1, x_3 \geqslant 0, \; x_2, x_4, x_5 \text{ 无符号限制}.$$

解 把全部不等式约束都化成"$\leqslant$"型，列表如表 2.4 所示.

表 2.4

	x_1	x_2	x_3	x_4	x_5	约束形式与右端
max	4	−5	3	6	−7	
y_1	−3	−2	1		−3	$\leqslant -5$
y_2	1		2	−4	−1	$\leqslant 7$
y_3		−1		2	2	$= -8$
y_4		1				$\leqslant 9$
y_5		−1				$\leqslant 3$
y_6					1	$\leqslant 12$
y_7					−1	$\leqslant -5$
变量符号	$\geqslant 0$	无限制	$\geqslant 0$	无限制	无限制	

对偶问题为

$$\min\ w = -5y_1 + 7y_2 - 8y_3 + 9y_4 + 3y_5 + 12y_6 - 5y_7,$$
$$\text{s.t.}\quad -3y_1 + y_2 \geqslant 4,$$
$$-2y_1 - y_3 + y_4 - y_5 = -5,$$
$$y_1 + 2y_2 \geqslant 3,$$
$$-4y_2 + 2y_3 = 6,$$
$$-3y_1 - y_2 + 2y_3 + y_6 - y_7 = -7,$$
$$y_1, y_2, y_4, y_5, y_6, y_7 \geqslant 0,\ y_3\ \text{无符号限制}.$$

例 4 应用对偶理论证明 LP 问题：

(P) $\max\ z = 3x_1 + 2x_2 + 5x_3,$
$$\text{s.t.}\quad 2x_1 + x_2 + x_3 \leqslant 10,$$
$$5x_1 + 3x_2 + 2x_3 \leqslant 18,$$
$$x_1, x_2, x_3 \geqslant 0$$

有最优解，并求出最优值的一个范围．

解 作出(P)的对偶问题如下：

(D) $\min\ w = 10y_1 + 18y_2,$
$$\text{s.t.}\quad 2y_1 + 5y_2 \geqslant 3,$$
$$y_1 + 3y_2 \geqslant 2,$$
$$y_1 + 2y_2 \geqslant 5,$$
$$y_1, y_2 \geqslant 0.$$

易知(P)有可行解$(0,0,9)^T$，而(D)有可行解$(5,0)^T$．因为(P)和(D)都有可行解，那么，根据教材[1]中定理 2.4 知，(P)和(D)都有最优解．上述两个可行解对应的目标函数值分别为

$$z_1 = 3 \times 0 + 2 \times 0 + 5 \times 9 = 45,$$
$$w_1 = 10 \times 5 + 18 \times 0 = 50.$$

故对问题(P)的最优值 z^* 有如下估计：

$$45 = z_1 \leqslant z^* = w^* \leqslant w_1 = 50,$$

即最优值 z^* 在 $45 \sim 50$ 之间．

例 5 已知 LP 问题

(P) $\max\ z = 4x_1 + 3x_2,$
$$\text{s.t.}\quad x_1 + 2x_2 \leqslant 2,\qquad ①$$
$$2x_1 + 3x_2 \leqslant 5,\qquad ②$$

$$x_1 + x_2 \leqslant 2, \qquad ③$$
$$3x_1 + x_2 \leqslant 3, \qquad ④$$
$$x_1, x_2 \geqslant 0$$

的最优解为 $x_1^* = \dfrac{4}{5}, x_2^* = \dfrac{3}{5}$. 试利用互补松弛定理求出其对偶问题的最优解.

解 对偶问题为

(D) $\quad\min\ w = 2y_1 + 5y_2 + 2y_3 + 3y_4,$
$\quad\text{s.t.}\quad y_1 + 2y_2 + y_3 + 3y_4 \geqslant 4,$
$\quad\quad\quad 2y_1 + 3y_2 + y_3 + y_4 \geqslant 3,$
$\quad\quad\quad y_1, y_2, y_3, y_4 \geqslant 0.$

因为题目中没有给出原问题的最优表，我们无法直接查出对偶问题(D)的最优解，但我们可以借助互补松弛定理求解此题.

将 x_1^* 和 x_2^* 之值代入原问题的约束条件中，知第二、第三个约束为严格的不等式. 这说明 $u_2^* > 0, u_3^* > 0$. 根据互补松弛定理可知，必有 $y_2^* = 0$ 及 $y_3^* = 0$.

因 $x_1^* > 0$ 和 $x_2^* > 0$，由同一定理可知，必有 $v_1^* = 0$ 和 $v_2^* = 0$. 这说明用最优解 y^* 各分量之值代入(D)的约束条件中时，其两个函数约束应取等式，即应有(注意，已有 $y_2^* = y_3^* = 0$)

$$y_1^* + 3y_4^* = 4,$$
$$2y_1^* + y_4^* = 3.$$

由此得 $y_1^* = 1, y_4^* = 1$. 所以对偶问题的最优解和最优值为

$$y^* = (1, 0, 0, 1)^{\mathrm{T}}, \quad w^* = 5.$$

例 6 用对偶单纯形法解下述问题：

$$\min\ z = 3x_1 + x_2 + 2x_3,$$
$$\text{s.t.}\ 2x_1 - x_2 + 3x_3 \geqslant 4,$$
$$2x_1 + x_2 - x_3 \geqslant 6,$$
$$3x_1 + 2x_2 - x_3 \leqslant 15,$$
$$x_1, x_2, x_3 \geqslant 0.$$

解 将两个"$\geqslant$"不等式反号，并分别引入松弛变量 x_4, x_5, x_6，即可用对偶单纯形法求解. 求解过程如表 2.5 所示. 由对偶单纯形法的法则可知，每次换基后，新表中的全部检验数仍然会全部 $\leqslant 0$，所以，只要新表中下半部分的右端列各数 $\geqslant 0$，则就得到了可行解，从而也为最优解. 故表 2.5 之(Ⅲ)中的检验数未写出.

表 2.5

		x_1	x_2	x_3	x_4	x_5	x_6	右端
	z	−3	−1	−2				
(Ⅰ)	x_4	−2	1	−3	1			−4
	x_5	−2	⓪−1	1		1		−6
	x_6	3	2	−1			1	15
	z	−1		−3		−1		6
(Ⅱ)	x_4	⓪−4		−2	1	1		−10
	x_2	2	1	−1		−1		6
	x_6	−1		1		2	1	3
	z			×	×	×		17/2
(Ⅲ)	x_1	1		1/2	−1/4	−1/4		5/2
	x_2		1	×	×	×		1
	x_6			×	×	×	1	11/2

注：表中的"×"代表某数，没有必要写出．

由表 2.5（Ⅲ）可知，我们要求的最优解和最优值为

$$x_1^* = \frac{5}{2}, \quad x_2^* = 1, \quad x_3^* = 0; \quad z^* = \frac{17}{2}.$$

例7 已知 LP 问题

$$\min\ z = 5x_1 + 2x_2 + 4x_3,$$
$$\text{s.t.}\quad 3x_1 + x_2 + 2x_3 \geqslant 4,$$
$$6x_1 + 3x_2 + 5x_3 \geqslant 10,$$
$$x_1, x_2, x_3 \geqslant 0$$

的最优单纯形表如表 2.6 所示，其中 S_1, S_2 是松弛变量．

表 2.6

	x_1	x_2	x_3	S_1	S_2	右端
z			−1/3	−1	−1/3	22/3
x_1	1		1/3	−1	1/3	2/3
x_2		1	1	2	−1	2

（1）设 z 中 x_1 的系数 c_1 有个改变量 q，即 c_1 由 5 变成了 $5+q$．问 q 限制在什么范围内，原最优解还是最优解？

（2）设第二个约束的右端 b_2 有个改变量 t，问 t 限制在什么范围内，原最

优基还是最优基？

解 这题的情况与我们以前做的题稍有差别. 首先，目标函数已是最小化；其次，函数约束不是"≤"型，而都是"≥"型.

把所给化成标准形以后，其初始表如表 2.7 所示.

表 2.7

	x_1	x_2	x_3	S_1	S_2	右端
z	-5	-2	-4			
S_1	-3	-1	-2	1		-4
S_2	-6	-3	-5		1	-10

(1) 当 c_1 由 5 变为 $5+q$ 时，则新问题的初始表如表 2.8 之（Ⅰ）所示. 若施以与解原问题同样的单纯形变换，则可得一个与原最优表类似的表，即表 2.8 之（Ⅱ）.

表 2.8

		x_1	x_2	x_3	S_1	S_2	右端
（Ⅰ）	z	$-5-q$	-2	-4			
	S_1	-3	-1	-2	1		-4
	S_2	-6	-3	-5		1	-10
（Ⅱ）	z	$-q$		$-1/3$	-1	$-1/3$	$22/3$
	x_1	1		$1/3$	-1	$1/3$	$2/3$
	x_2		1	1	2	-1	2

因表 2.8（Ⅱ）中 x_1 是基变量，我们需要将该表的 z- 行中 x_1 的系数 $-q$ 变为 0，这只需将 x_1- 行的 q 倍，加到 z- 行即可. 由此可得新检验数为

$$\sigma_1 = \sigma_2 = 0, \quad \sigma_3 = -\frac{1}{3} + \frac{q}{3}, \quad \sigma_4 = -1 - q, \quad \sigma_5 = -\frac{1}{3} + \frac{q}{3}.$$

当一切 $\sigma_j \leq 0$ 时，原最优解就仍是最优解. 由此得到 q 的容许范围为

$$-1 \leq q \leq 1.$$

(2) 当 b_2 由 10 变为 $10+t$ 时，新问题的初始表如表 2.9 之（Ⅰ）所示. 注意，在该表中，$(-t)$ 所对应的列向量与 S_2 对应的列向量完全相同，因此，在以后的单纯形变换中，这两个列向量也永远相同. 于是，由原问题的最优表（表 2.6）可知，我们可以得到一张与之类似的表，即表 2.9 之（Ⅱ）. 它和原最优表之区别仅在于右端列不同.

表 2.9

		x_1	x_2	x_3	S_1	S_2	右端
（Ⅰ）	z	-5	-2	-4			
	S_1	-3	-1	-2	1		-4
	S_2	-6	-3	-5		1	$-10+(-t)$
（Ⅱ）	z		$-\frac{1}{3}$	-1		$-\frac{1}{3}$	$2\frac{2}{3}-\frac{1}{3}(-t)$
	x_1	1		$\frac{1}{3}$	-1	$\frac{1}{3}$	$\frac{2}{3}+\frac{1}{3}(-t)$
	x_2		1	1	2	-1	$2-(-t)$

若要表 2.9 之（Ⅱ）仍为最优表，只需

$$\begin{cases} \dfrac{2}{3}-\dfrac{1}{3}t \geqslant 0, \\ 2+t \geqslant 0, \end{cases}$$

由此可得 t 的容许范围为 $-2 \leqslant t \leqslant 2$.

四、习 题 解 答

1. 写出下列 LP 问题的对偶问题：

(1) max $z = 2x_1 + 3x_2 + x_3$,
   s.t. $x_1 + 2x_2 + x_3 \leqslant 6$,
          $3x_1 + 5x_2 - x_3 \leqslant 12$,
          $x_1, x_2, x_3 \geqslant 0$；

(2) min $z = x_1 + 2x_2 + 5x_3$,
   s.t. $x_1 - 2x_2 + 5x_3 \leqslant 8$,
          $2x_1 + 3x_2 + x_3 = 3$,
          $4x_1 - x_2 + 2x_3 \leqslant 6$,
          $x_1, x_2, x_3 \geqslant 0$；

(3) max $z = x_1 + 2x_2 + 3x_3$,
   s.t. $3x_1 - 2x_2 + 4x_3 = 10$,
         $x_1 - x_2 + 2x_3 = 7$,
         $x_1 \geqslant 0$，x_2, x_3 无符号限制；

(4) max $z = 2x_1 + x_2 - 4x_3$,
   s.t. $x_1 - x_2 + 2x_3 - x_4 \geqslant 3$,

$$2x_1 + 3x_2 - x_3 + 4x_4 = 6,$$
$$5x_1 - x_2 + x_3 - 2x_4 \leqslant 9,$$
$$x_1, x_2 \geqslant 0, \quad x_3, x_4 \text{ 无符号限制}.$$

解 （1）可以直接写出(D)：
$$\min \quad w = 6y_1 + 12y_2,$$
$$\text{s.t.} \quad y_1 + 3y_2 \geqslant 2,$$
$$2y_1 + 5y_2 \geqslant 3,$$
$$y_1 - y_2 \geqslant 1,$$
$$y_1, y_2 \geqslant 0.$$

（2）先将(P)变形为
$$\min \quad z = x_1 + 2x_2 + 5x_3,$$
$$\text{s.t.} \quad -x_1 + 2x_2 - 5x_3 \geqslant -8,$$
$$2x_1 + 3x_2 + x_3 = 3,$$
$$-4x_1 + x_2 - 2x_3 \geqslant -6,$$
$$x_1, x_2, x_3 \geqslant 0.$$

再写出(D)：
$$\max \quad w = -8y_1 + 3y_2 - 6y_3,$$
$$\text{s.t.} \quad -y_1 + 2y_2 - 4y_3 \leqslant 1,$$
$$2y_1 + 3y_2 + y_3 \leqslant 2,$$
$$-5y_1 + y_2 - 2y_3 \leqslant 5,$$
$$y_1, y_3 \geqslant 0, \quad y_2 \text{ 无符号限制}.$$

（3）(D)为
$$\min \quad w = 10y_1 + 7y_2,$$
$$\text{s.t.} \quad 3y_1 + y_2 \geqslant 1,$$
$$-2y_1 - y_2 = 2,$$
$$4y_1 + 2y_2 = 3,$$
$$y_1, y_2 \text{ 无符号限制}.$$

（4）将第一约束的不等式反号后可写出(D)：
$$\min \quad w = -3y_1 + 6y_2 + 9y_3,$$
$$\text{s.t.} \quad -y_1 + 2y_2 + 5y_3 \geqslant 2,$$
$$y_1 + 3y_2 - y_3 \geqslant 1,$$
$$-2y_1 - y_2 + y_3 = -4,$$
$$y_1 + 4y_2 - 2y_3 = 0,$$

$y_1, y_3 \geqslant 0$, y_2 无符号限制.

2. 某酒厂利用 A, B, C 三种原料生产 E_1, E_2 两种酒. 每生产1升 E_1 酒，需要 A, B, C 的数量分别为 $3, 4, 2$ 公斤，而生产1升 E_2 的相应数量为 $4, 2, 1$ 公斤. 已知每生产1升 E_1, E_2 分别能获利 5 元、4 元. 现有 A, B, C 三种原料的数量分别为 $14, 8, 6$ 公斤. 问该厂应如何安排 E_1 和 E_2 的生产量，以便充分利用现有原料，使获利最大？

要求：对原始问题作出对偶问题，并求解. 然后分析对偶问题的最优表，找出原问题的最优解.

解 设 E_1, E_2 两种酒的产量分别为 x_1, x_2 升，则有模型：

$$\max \quad z = 5x_1 + 4x_2,$$
$$\text{s. t.} \quad 3x_1 + 4x_2 \leqslant 14,$$
$$4x_1 + 2x_2 \leqslant 8,$$
$$2x_1 + x_2 \leqslant 6,$$
$$x_1, x_2 \geqslant 0.$$

其对偶问题 (D) 为

$$\min \quad z = 14y_1 + 8y_2 + 6y_3,$$
$$\text{s. t.} \quad 3y_1 + 4y_2 + 2y_3 \geqslant 5,$$
$$4y_1 + 2y_2 + y_3 \geqslant 4,$$
$$y_1, y_2, y_3 \geqslant 0.$$

先将每个约束条件的两边乘以 -1，再加上松弛变量，然后便可用对偶单纯形法求解. 求解过程如表 2.10 所示.

表 2.10

		y_1	y_2	y_3	S_1	S_2	右端
	w	-14	-8	-6			
(Ⅰ)	S_1	-3	-4	-2	1		-5
	S_2	-4	-2	-1		1	-4
	w	-8		-2	-2		10
(Ⅱ)	y_2	$3/4$	1	$1/2$	$-1/4$		$5/4$
	S_2	$-5/2$			$-1/2$	1	$-3/2$
	w			-2	$-2/5$	$-16/5$	$74/5$
(Ⅲ)	y_2		1	$1/2$	$-2/5$	$3/10$	$4/5$
	y_1	1			$1/5$	$-2/5$	$3/5$

表 2.10 之(Ⅲ)已是最优表，在表 2.10(Ⅲ)中将 S_1, S_2 的检验数反号，便可得原问题的最优解：

$$x_1^* = \frac{2}{5}, \quad x_2^* = \frac{16}{5}; \quad z^* = \frac{74}{5}.$$

3. 试应用对偶理论证明下述两个 LP 问题均无最优解：

(1) max $z = x_1 + x_2$,
   s.t. $-x_1 + x_2 + x_3 \leqslant 2$,
   $-2x_1 + x_2 - x_3 \leqslant 1$,
   $x_1, x_2, x_3 \geqslant 0$;

(2) max $z = x_1 - x_2 + x_3$,
   s.t. $x_1 \quad - x_3 \geqslant 4$,
   $x_1 - x_2 + 2x_3 \geqslant 3$,
   $x_1, x_2, x_3 \geqslant 0$.

解 (1) 对偶问题(D)为

$$\min \ w = 2y_1 + y_2,$$
s.t. $-y_1 - 2y_2 \geqslant 1$,   ①
$y_1 + y_2 \geqslant 1$,   ②
$y_1 - y_2 = 0$,   ③
$y_1, y_2 \geqslant 0$.   ④

①式即 $y_1 + 2y_2 \leqslant -1$，这与④矛盾，故(D)无可行解，当然也无最优解，从而原问题无最优解。

(2) 先将原问题变为如下形式：

$$\max \ z = x_1 - x_2 + x_3,$$
s.t. $-x_1 \quad + x_3 \leqslant -4$,
$-x_1 + x_2 - 2x_3 \leqslant -3$,
$x_1, x_2, x_3 \geqslant 0$.

其(D)为

$$\min \ w = -4y_1 - 3y_1,$$
s.t. $-y_1 - y_2 \geqslant 1$,   ①
$y_2 \geqslant -1$,   ②
$y_1 - 2y_2 \geqslant 1$,   ③
$y_1, y_2 \geqslant 0$.   ④

①式即 $y_1 + y_2 \leqslant -1$，这与④矛盾，故(D)无可行解，也就无最优解，从而原问题无最优解。

4. 已知 LP 问题：

$$\max \quad z = x_1 + 2x_2 + 3x_3 + 4x_4,$$
$$\text{s.t.} \quad x_1 + 2x_2 + 2x_3 + 3x_4 \leqslant 20,$$
$$2x_1 + x_2 + 3x_3 + 2x_4 \leqslant 20,$$
$$x_1, x_2, x_3, x_4 \geqslant 0$$

的最优解为 $(0,0,4,4)^T$. $z^* = 28$. 用互补松弛定理计算其对偶问题的最优解.

解 (D) 为

$$\min \quad w = 20y_1 + 20y_2,$$
$$\text{s.t.} \quad y_1 + 2y_2 \geqslant 1, \quad ①$$
$$2y_1 + y_2 \geqslant 2, \quad ②$$
$$2y_1 + 3y_2 \geqslant 3, \quad ③$$
$$3y_1 + 2y_2 \geqslant 4, \quad ④$$
$$y_1, y_2 \geqslant 0.$$

因为在原问题(P)的最优解中，$x_3^* > 0$, $x_4^* > 0$, 所以约束③,④中的松弛变量 v_3^* 和 v_4^* 都为 0, 即约束③,④为等式，于是有

$$2y_1^* + 3y_2^* = 3,$$
$$3y_1^* + 2y_2^* = 4.$$

由此得(D)的最优解之值：$y_1^* = \dfrac{6}{5}$, $y_2^* = \dfrac{1}{5}$.

5. 用对偶单纯形法解下述问题：

(1) $\min \quad 4x_1 + 12x_2 + 18x_3,$
$\text{s.t.} \quad x_1 \quad\quad\; + 3x_3 \geqslant 3,$
$\quad\quad\; 2x_1 + 2x_2 \quad\quad\;\; \geqslant 5,$
$\quad\quad\quad\; x_1, x_2, x_3 \geqslant 0;$

(2) $\min \quad 5x_1 + 2x_2 + 4x_3,$
$\text{s.t.} \quad 3x_1 + x_2 + 2x_3 \geqslant 4,$
$\quad\quad\; 6x_1 + 3x_2 + 5x_3 \geqslant 10,$
$\quad\quad\quad\; x_1, x_2, x_3 \geqslant 0;$

(3) $\min \quad x_1 + 2x_2 + 3x_3,$
$\text{s.t.} \quad 2x_1 - x_2 + x_3 \geqslant 4,$
$\quad\quad\; x_1 + x_2 + 2x_3 \leqslant 8,$
$\quad\quad\quad\; x_2 - x_3 \geqslant 2,$
$\quad\quad\quad\; x_1, x_2, x_3 \geqslant 0.$

解 (1) 先将约束条件化为下述形式：
$$-x_1 \quad\quad -3x_3 + S_1 \quad\quad = -3,$$
$$-2x_1 - 2x_2 \quad\quad\quad\quad +S_2 = -5,$$
$$x_1, x_2, x_3, S_1, S_2 \geqslant 0.$$

然后即可求解，求解过程如表 2.11 所示.

表 2.11

		x_1	x_2	x_3	S_1	S_2	右端
(Ⅰ)	z	-14	-12	-18			
	S_1	-1		-3	1		-3
	S_2	⓪-2	-2			1	-5
(Ⅱ)	z		-8	-18		-2	10
	S_1		1	-3	1	⓪$-1/2$	$-1/2$
	x_1	1	1			$-1/2$	$5/2$
(Ⅲ)	z		-12	-6		-4	12
	S_2		-2	6	-2	1	1
	x_1	1		3	-1		3

由表 2.11 (Ⅲ) 知，最优解和最优值为
$$x_1^* = 3, \quad x_2^* = x_3^* = 0; \quad z^* = 12.$$

(2) 求解过程如表 2.12 所示.

表 2.12

		x_1	x_2	x_3	S_1	S_2	右端
(Ⅰ)	z	-5	-2	-4			
	S_1	-3	-1	-2	1		-4
	S_2	-6	⓪-3	-5		1	-10
(Ⅱ)	z	-1		$2/3$		$2/3$	$20/3$
	S_1	⓪-1		$-1/3$	1	$-1/3$	$-2/3$
	x_2	2	1	$5/3$		$-1/3$	$10/3$
(Ⅲ)	z			$-1/3$	-1	$-1/3$	$22/3$
	x_2		1	$1/3$	-1	$1/3$	$2/3$
	x_1	1		1	2	-1	2

由表 2.12（Ⅲ）知，最优解和最优值为
$$x_1^* = 2, \quad x_2^* = \frac{2}{3}, \quad x_3^* = 0; \quad z^* = \frac{22}{3}.$$

(3) 求解过程如表 2.13 所示．

表 2.13

		x_1	x_2	x_3	S_1	S_2	S_3	右端
	z	-1	-2	-3				
（Ⅰ）	S_1	⟨-2⟩	1	-1	1			-4
	S_2	1	1	2		1		8
	S_3		-1	1			1	-2
	z		$-5/2$	$-5/2$	$-1/2$			2
（Ⅱ）	x_1	1	$-1/2$	1/2	$-1/2$			2
	S_2		3/2	3/2	1/2	1		6
	S_3		⟨-1⟩	1			1	-2
	z			-5	$-1/2$		$-5/2$	7
（Ⅲ）	x_1	1			$-1/2$		$-1/2$	3
	S_2			3	1/2	1	3/2	3
	x_2		1	-1			-1	2

由表 2.13（Ⅲ）知，最优解和最优值为
$$x_1^* = 3, \quad x_2^* = 2, \quad x_3^* = 0; \quad z^* = 7.$$

6. 已知 LP 问题
$$\max \quad z = 4x_1 + 3x_2,$$
$$\text{s. t.} \quad 3x_1 + 4x_2 \leqslant 12,$$
$$3x_1 + 3x_2 \leqslant 10,$$
$$4x_1 + 2x_2 \leqslant 8,$$
$$x_1, x_2 \geqslant 0$$

的最优表如表 2.14 所示．其中，$z_1 = -z$；x_3, x_4, x_5 分别是 3 个函数约束的松弛变量．试利用灵敏度分析法求解下述问题：

(1) 问 z 中 x_1 的系数在什么范围内变化时，原最优解仍是最优解？

(2) 试求出当 z 中 x_1 的系数分别发生下述变化时的最优解（和最优值）：(a) 由 4 变成 6，(b) 由 4 变成 7．

(3) 问 z 中 x_2 的系数在什么范围内变化时，原最优解仍是最优解？

表 2.14

	x_1	x_2	x_3	x_4	x_5	右端
z_1			$-2/5$		$-7/10$	$-52/5$
x_2		1	$2/5$		$-3/10$	$12/5$
x_4			$-3/5$	1	$-3/10$	$2/5$
x_1	1		$-1/5$		$2/5$	$4/5$

(4) 试求出当 z 中 x_2 的系数分别发生下述变化时的最优解:(a)由3变成5,(b)由3变成6.

(5)* 试求出当 z 中 x_1 的系数由4变成6,x_2 的系数由3变成2时的最优解.

解 (1) 设 z 中 x_1 的系数由4变成了 $4+p$,则有初始表如表 2.15(Ⅰ)所示.经过适当的单纯形变换,可得一张与原最优表(表 2.14)类似的表,即表 2.15 之(Ⅱ).它与原最优表的唯一区别就是,z_1-行中 x_1 的系数不再是0,而是 p.因为在该表中 x_1 是基变量,故需将这个 p 变为0.这样就得到了表 2.15(Ⅲ),它已是一张标准的单纯形表了.

表 2.15

		x_1	x_2	x_3	x_4	x_5	右端
(Ⅰ)	z_1	$4+p$	3				
	x_3	3	4	1			12
	x_4	3	3		1		10
	x_5	4	2			1	8
(Ⅱ)	z_1	p		$-2/5$		$-7/10$	$-52/5$
	x_2		1	$2/5$		$-3/10$	$12/5$
	x_4			$-3/5$	1	$-3/10$	$2/5$
	x_1	1		$-1/5$		$2/5$	$4/5$
(Ⅲ)	z_1			$-\frac{2}{5}+\frac{1}{5}p$		$-\frac{7}{10}-\frac{2}{5}p$	$-\frac{52}{5}-\frac{4}{5}p$
	x_2		1	$2/5$		$-3/10$	$12/5$
	x_4			$-3/5$	1	$-3/10$	$2/5$
	x_1	1		$-1/5$		$2/5$	$4/5$

由表 2.15(Ⅲ)可知,x_3 和 x_5 对应的新检验数分别为

$$\sigma_3 = -\frac{2}{5} + \frac{1}{5}p, \quad \sigma_5 = -\frac{7}{10} - \frac{2}{5}p.$$

当 $\sigma_3 \leqslant 0$ 和 $\sigma_5 \leqslant 0$ 都成立时,原最优解就仍为最优解. 解不等式组

$$\begin{cases} -\dfrac{2}{5}+\dfrac{1}{5}p \leqslant 0, \\ -\dfrac{7}{10}-\dfrac{2}{5}p \leqslant 0, \end{cases}$$

得 $-\dfrac{7}{4} \leqslant p \leqslant 2$.

(2) (a) 当 z 中 x_1 的系数由 4 变成 6 时,$p=2$,在 p 的容许范围内,故原最优解仍为最优解,但最优值发生了变化,新的最优值为

$$z^* = \dfrac{52}{5} + \dfrac{4}{5} \times 2 = 12.$$

(b) 当 z_1 中 x_1 的系数由 4 变成 7 时,$p=3$,超出了 p 的容许范围. 此时,x_3 和 x_5 对应的新检验数分别为

$$\sigma_3 = -\dfrac{2}{5} + \dfrac{1}{5} \times 3 = \dfrac{1}{5} > 0,$$

$$\sigma_5 = -\dfrac{7}{10} - \dfrac{2}{5} \times 3 = -\dfrac{19}{10};$$

新的目标函数值为

$$z_1 = -\dfrac{52}{5} - \dfrac{4}{5} \times 3 = -\dfrac{64}{5}.$$

将这些数据代入表 2.15 之(Ⅲ),得表 2.16 (Ⅰ). 因为该表中有正检验数 (1/5),故需用单纯形法进行换基. 换基后,得表 2.16 (Ⅱ). 它已是最优表了.

表 2.16

		x_1	x_2	x_3	x_4	x_5	右端
(Ⅰ)	z_1			1/5		$-19/10$	$-64/5$
	x_2		1	(2/5)		$-3/10$	12/5
	x_4			$-3/5$	1	$-3/10$	2/5
	x_1	1		$-1/5$		2/5	4/5
(Ⅱ)	z_1		$-1/2$			$-7/4$	-14
	x_2		5/2	2		$-3/4$	6
	x_4		3/2		1	$-3/4$	4
	x_1	1	1/2			1/4	2

由表 2.16 (Ⅱ)知,新的最优解和最优值为

$$x_1^* = 2, \quad x_2^* = 6; \quad z^* = 14.$$

(3) 设 z 中 x_2 的系数由 3 变成了 $3+q$. 按照与问题(1)类似的分析,可知 x_3 和 x_5 对应的新检验数分别为

$$\sigma_3 = -\frac{2}{5} - \frac{2}{5}q, \quad \sigma_5 = -\frac{7}{10} + \frac{3}{10}q.$$

当 $\sigma_3 \leqslant 0$ 和 $\sigma_5 \leqslant 0$ 都成立时,原最优解就仍是最优解. 解不等式组

$$\begin{cases} -\dfrac{2}{5} - \dfrac{2}{5}q \leqslant 0, \\ -\dfrac{7}{10} + \dfrac{3}{10}q \leqslant 0, \end{cases}$$

得 q 的容许范围为 $-1 \leqslant q \leqslant \dfrac{7}{3}$.

(4) (a) 当 z 中 x_2 的系数由 3 变成 5 时,$q=2$,在 q 的容许范围内,故原最优解仍为最优解,但最优值发生了变化,新的最优值为

$$z^* = \frac{52}{5} + \frac{12}{5} \times 2 = \frac{76}{5}.$$

(b) 当 z 中 x_2 的系数由 3 变成 6 时,$q=3$,超出了 q 的容许范围. 此时,x_3 和 x_5 对应的新检验数分别为

$$\sigma_3 = -\frac{2}{5} - \frac{2}{5} \times 3 = -\frac{8}{5},$$

$$\sigma_5 = -\frac{7}{10} + \frac{3}{10} \times 3 = \frac{1}{5} > 0;$$

新的目标函数值为

$$z_1 = -\frac{52}{5} - \frac{12}{5} \times 3 = -\frac{88}{5}.$$

在原最优表中,以这些数据分别代替原有的相应数据,得表 2.17(Ⅰ). 因 $\sigma_5 = \dfrac{1}{5} > 0$,故需换基. 换基后得表 2.17(Ⅱ). 它已是最优表了.

表 2.17

		x_1	x_2	x_3	x_4	x_5	右端
	z_1			$-8/5$		$1/5$	$-88/5$
(Ⅰ)	x_2		1	$2/5$		$-3/10$	$12/5$
	x_4			$-3/5$	1	$-3/10$	$2/5$
	x_1	1		$-1/5$		(2/5)	$4/5$
	z_1	$-1/2$		$-3/2$			-18
(Ⅱ)	x_2	$3/4$	1	$-1/4$			3
	x_4	$3/4$		$-3/4$	1		1
	x_5	$5/2$		$-1/2$		1	2

由表 2.17（Ⅱ）知，新的最优解和最优值为
$$x_1^* = 0, \quad x_2^* = 3; \quad z^* = 18.$$

(5)* 当 z 中的系数 4 变成 6，系数 3 变成 2 时，即有 $p=2, q=-1$. 此时两个新检验数 σ_3 和 σ_5 分别为
$$\sigma_3 = -\frac{2}{5} + \frac{1}{5}p - \frac{2}{5}q = \frac{2}{5} > 0,$$
$$\sigma_5 = -\frac{7}{10} - \frac{2}{5}p + \frac{3}{10}q = -\frac{9}{5},$$

且新的目标函数值为
$$z_1 = -\frac{52}{5} - \frac{4}{5}p - \frac{12}{5}q = -\frac{48}{5}.$$

在原最优表中，以这些数分别代替原有的相应数据，就得到表 2.18（Ⅰ）. 因其中有正检验数（2/5），故需换基. 换基后得表 2.18（Ⅱ）. 它已是最优表了. 由该表知，新的最优解和最优值为
$$x_1^* = 2, \quad x_2^* = 0; \quad z^* = 12.$$

表 2.18

		x_1	x_2	x_3	x_4	x_5	右端
	z_1			2/5		−9/5	−48/5
（Ⅰ）	x_2		1	(2/5)		−3/10	12/5
	x_4			−3/5	1	−3/10	2/5
	x_1	1		−1/5		2/5	4/5
	z_1		−1			−3/2	−12
（Ⅱ）	x_3		5/2	1		−3/4	6
	x_4		×		1	×	4
	x_1	1	×			×	2

7. 仍考虑上题中的模型.

(1) 试分别求出 3 个函数约束右端变化的容许范围（即能保持原最优基不变的范围）.

(2) 求第一个约束右端分别发生下述变化时的最优解：(a) 由 12 变成 10，(b)* 由 12 变成 13.

(3) 求第三个约束右端分别发生下述变化时的最优解：(a) 由 8 变成 6，(b) 由 8 变成 10.

(4) 求第一个约束右端由 12 变成 9、第二个约束右端由 10 变成 11、第

三个约束右端由 8 变成 10 时的最优解.

解 (1) 设第一个约束的右端有个改变量 t_1，即由 12 变成了 $12+t_1$，则对新问题，我们有初始表如表 2.19（Ⅰ）所示，其中 $z_1=-z$；x_3,x_4 和 x_5 还是松弛变量. 新初始表与原初始表有一点差别，就是多了 t_1 一列.

表 2.19

		x_1	x_2	x_3	x_4	x_5	右端	t_1
(Ⅰ)	z_1	4	3					
	x_3	3	4	1			12	1
	x_4	3	3		1		10	
	x_5	4	2			1	8	
(Ⅱ)	z_1			$-2/5$		$-7/10$	$-52/5$	$-2/5$
	x_2		1	$2/5$		$-3/10$	$12/5$	$2/5$
	x_4			$-3/5$	1	$-3/10$	$2/5$	$-3/5$
	x_1	1		$-1/5$		$2/5$	$4/5$	$-1/5$

由灵敏度分析方法可知，对表 2.19（Ⅰ）经过适当的一些单纯形变换后，我们可得一张与原最优表（表 2.14）类似的单纯形表，即表 2.19 之（Ⅱ），它比原最优表也多了一列，即 t_1-列. 由该表可知，我们得到了新问题的一个基解，其基变量之值为

$$x_1=\frac{4}{5}-\frac{1}{5}t_1, \quad x_2=\frac{12}{5}+\frac{2}{5}t_1, \quad x_4=\frac{2}{5}-\frac{3}{5}t_1;$$

相应的目标函数值为 $z_1=-\frac{52}{5}-\frac{2}{5}t_1$.

要想新的基解能成为可行解，从而也是最优解，只需新的 x_1, x_2 和 x_4 都 $\geqslant 0$，亦即要求

$$\frac{4}{5}-\frac{1}{5}t_1 \geqslant 0,$$

$$\frac{12}{5}+\frac{2}{5}t_1 \geqslant 0,$$

$$\frac{2}{5}-\frac{3}{5}t_1 \geqslant 0.$$

解此不等式组，得

$$-6 \leqslant t_1 \leqslant \frac{2}{3}.$$

此即 t_1 的容许范围. 当 t_1 在此范围内变化时，原最优基仍是最优基. 但须注意，最优解的具体数值和目标函数值都发生了变化.

当第二个约束的右端发生改变量 t_2，或第三个约束的右端发生改变量 t_3 时，我们同样可以求出它们的容许范围. 它们分别是

$$t_2 \geqslant -\frac{2}{5},$$

$$-2 \leqslant t_3 \leqslant \frac{4}{3}.$$

(2) (a) 当第一个约束右端由 12 变为 10 时，$t_1 = -2$，在 t_1 的容许范围内. 由前面的公式可知，新的最优解为

$$x_1^* = \frac{4}{5} - \frac{1}{5} \times (-2) = \frac{6}{5},$$

$$x_2^* = \frac{12}{5} + \frac{2}{5} \times (-2) = \frac{8}{5};$$

新的最优值为

$$z^* = \frac{52}{5} + \frac{2}{5} \times (-2) = \frac{48}{5}.$$

(b) 当第一个约束的右端由 12 变为 13 时，$t_1 = 1$，超出了 t_1 的容许范围. 此时有

$$x_1 = \frac{4}{5} - \frac{1}{5} \times 1 = \frac{3}{5},$$

$$x_2 = \frac{12}{5} + \frac{2}{5} \times 1 = \frac{14}{5},$$

$$x_4 = \frac{2}{5} - \frac{3}{5} \times 1 = -\frac{1}{5} < 0;$$

$$z_1 = -\frac{52}{5} - \frac{2}{5} \times 1 = -\frac{54}{5}.$$

因为 $x_4 < 0$，所以原最优基不再是可行基了，当然也就更不是最优基. 在原最优表中，以上述各数代替原有的相应数据，得表 2.20（Ⅰ）.

表 2.20

		x_1	x_2	x_3	x_4	x_5	右端
(Ⅰ)	z_1			$-2/5$		$-7/10$	$-54/5$
	x_2		1	$2/5$		$-3/10$	$14/5$
	x_4			$(-3/5)$	1	$-3/10$	$-1/5$
	x_1	1		$-1/5$		$2/5$	$3/5$
(Ⅱ)	z_1				$-2/3$	$-1/2$	$-32/3$
	x_2		1		$2/3$	$-1/2$	$8/3$
	x_3			1	$-5/3$	$1/2$	$1/3$
	x_1	1			$-1/3$	$1/2$	$2/3$

因右端列下半部分出现了负数($-1/5$),故需用对偶单纯形法换基. 换基后得表 2.20(Ⅱ). 它已是最优表了. 由该表知,新的最优解和最优值为

$$x_1^* = \frac{2}{3}, \quad x_2^* = \frac{8}{3}; \quad z^* = \frac{32}{3}.$$

(3) 当第三个约束的右端有个改变量 t_3 时,各基变量之取值将变为

$$x_2 = \frac{12}{5} - \frac{3}{10}t_3, \quad x_4 = \frac{2}{5} - \frac{3}{10}t_3, \quad x_1 = \frac{4}{5} + \frac{2}{5}t_3;$$

目标函数值将变为

$$z_1 = -\frac{52}{5} - \frac{7}{10}t_3.$$

由 $x_2 \geqslant 0, x_4 \geqslant 0, x_1 \geqslant 0$ 同时成立,便得到了 t_3 的容许范围,即

$$-2 \leqslant t_3 \leqslant \frac{4}{3}.$$

(a) 当第三个约束的右端由 8 变成 6 时, $t_3 = -2$,在 t_3 的容许范围内,故原最优基仍是最优基. 新的最优解和最优基为

$$x_1^* = \frac{4}{5} + \frac{2}{5} \times (-2) = 0,$$

$$x_2^* = \frac{12}{5} - \frac{3}{5} \times (-2) = \frac{6}{5};$$

$$z^* = \frac{52}{5} - \frac{7}{10} \times (-2) = 9.$$

(b) 当第三个约束的右端由 8 变成 10 时, $t_3 = 2$,超出了 t_3 的容许范围. 此时,我们有

$$x_2 = \frac{12}{5} - \frac{3}{10} \times 2 = \frac{9}{5},$$

$$x_4 = \frac{2}{5} - \frac{3}{10} \times 2 = -\frac{1}{5} < 0,$$

$$x_1 = \frac{4}{5} + \frac{2}{5} \times 2 = \frac{8}{5};$$

$$z_1 = -\frac{52}{5} - \frac{7}{10} \times 2 = -\frac{59}{5}.$$

由于 $x_4 < 0$,故原最优基不再是可行基了,当然更不是最优基. 现在在原最优表(表 2.14)中将上述各数代替原有的相应数据,这样,得到表 2.21 (Ⅰ). 因基变量 x_4 取负数($-1/5$),故需用对偶单纯形法换基. 换基后得表 2.21(Ⅱ). 它已是最优表了. 最优解和最优值为

$$x_1^* = \frac{5}{3}, \quad x_2^* = \frac{5}{3}; \quad z^* = \frac{35}{3}.$$

表 2.21

		x_1	x_2	x_3	x_4	x_5	右端
（Ⅰ）	z_1			$-2/5$		$-7/10$	$-59/5$
	x_2		1	$2/5$		$-3/10$	$9/5$
	x_4			$-3/5$	1	$-3/10$	$-1/5$
	x_1	1		$-1/5$		$2/5$	$8/5$
（Ⅱ）	z_1				$-2/3$	$-1/2$	$-35/3$
	x_2		1		$2/3$	$-1/2$	$5/3$
	x_3			1	$-5/3$	$1/2$	$1/3$
	x_1	1			$-1/3$	$1/2$	$5/3$

（4）设三个约束右端同时发生改变，其改变量分别为 t_1, t_2 和 t_3，则根据原最优表（表 2.14），可得计算三个基变量新值的公式：

$$x_2 = \frac{12}{5} + \frac{2}{5} t_1 - \frac{3}{10} t_3,$$

$$x_4 = \frac{2}{5} - \frac{3}{5} t_1 + t_2 - \frac{3}{10} t_3,$$

$$x_1 = \frac{4}{5} - \frac{1}{5} t_1 + \frac{2}{5} t_3;$$

而新的目标函数值为

$$z_1 = -\frac{52}{5} - \frac{2}{5} t_1 - \frac{7}{10} t_3.$$

现在，当三个约束右端分别由 12 变成 9，由 10 变成 11，由 8 变成 10 时，我们有 $t_1 = -3, t_2 = 1, t_3 = 2$. 将这些数值代入上述公式，得到

$$x_2 = \frac{12}{5} + \frac{2}{5} \times (-3) - \frac{3}{10} \times 2 = \frac{3}{5},$$

$$x_4 = \frac{2}{5} - \frac{3}{5} \times (-3) + 1 - \frac{3}{10} \times 2 = \frac{13}{5},$$

$$x_1 = \frac{4}{5} - \frac{1}{5} \times (-3) + \frac{2}{5} \times 2 = \frac{11}{5};$$

$$z_1 = -\frac{52}{5} - \frac{2}{5} \times (-3) - \frac{7}{10} \times 2 = -\frac{53}{5}.$$

由于各基变量之值均 $\geqslant 0$，故原最优值仍为最优基. 最优解和最优值为

$$x_1^* = \frac{11}{5}, \quad x_2^* = \frac{3}{5}; \quad z^* = \frac{53}{5}.$$

8. 设有 LP 问题：

$$\max \quad 7.5x_1 + 15x_2 + 10x_3,$$
$$\text{s.t.} \quad 2x_1 \quad\quad + 2x_3 \leqslant 8,$$
$$\frac{1}{2}x_1 + 2x_2 + x_3 \leqslant 3,$$
$$x_1 + x_2 + 2x_3 \leqslant 6,$$
$$x_1, x_2, x_3 \geqslant 0.$$

(1) 求出最优解.

(2) 计算 c_1 的最优化范围.

(3) 若 c_1 增加 2.5 单位（从 7.5 到 10），对原最优解有何影响？新的最优解是什么？

(4) 计算 c_3 的最优化范围，并求出当 c_3 由 10 变为 15 时的最优解.

解 (1) 令 $z_1 = -z$，并引入松弛变量 S_1, S_2 和 S_3 后，便可用单纯形法求解. 求解过程如表 2.22 所示.

表 2.22

		x_1	x_2	x_3	S_1	S_2	S_3	右端	比值
	z_1	7.5	15	10					
(Ⅰ)	S_1	2		2	1			8	
	S_2	1/2	②	1		1		3	3/2
	S_3	1	1	2			1	6	6
	z_1	15/4		5/2		−15/2		−45/2	
(Ⅱ)	S_1	②		2	1			8	4
	x_2	1/4	1	1/2		1/2		3/2	6
	S_3	3/4		3/2		−1/2	1	9/2	6
	z			−5/4	−15/8	−15/2		−75/2	
(Ⅲ)	x_1	1		1	1/2			4	
	x_2		1	1/4	−1/8	1/2		1/2	
	S_3			3/4	3/8	−1/2	1	3/2	

(2) 设 c_1 有个改变量 q，则实行和表 2.22 同样的变化后，得一表如表 2.23 之 (Ⅰ) 所示. 将基变量 x_1 的系数变为 0，便得表 2.23 (Ⅱ). 解不等式组

$$\begin{cases} -\dfrac{5}{4} - q \leqslant 0, \\ -\dfrac{15}{8} - 4q \leqslant 0, \end{cases}$$

得 $q \geqslant -\dfrac{5}{4}$，即 c_1 的容许范围为 $c \geqslant 7.5 - \dfrac{5}{4} = 6.25$.

表 2.23

		x_1	x_2	x_3	S_1	S_2	S_3	右端
	z_1	q		$-5/4$	$-15/8$	$-15/2$		$-75/2$
（Ⅰ）	x_1	1		1	$1/2$			4
	x_2		1	$1/4$	$-1/8$	$1/2$		$1/2$
	S_3			$3/4$	$3/8$	$-1/2$	1	$3/2$
	z_1			$-\dfrac{5}{4} - q$	$-\dfrac{15}{8} - \dfrac{q}{2}$	$-\dfrac{15}{2}$		$-\dfrac{75}{2} - 4q$
（Ⅱ）	x_1	1		1	$1/2$			4
	x_2		1	$1/4$	$-1/8$	$1/2$		$1/2$
	S_3			$3/4$	$3/8$	$-1/2$	1	$3/2$

(3) 当 c_1 增加 2.5 单位时，它在 c_1 的容许范围内，故原最优解还是最优解，但最优值为

$$\frac{75}{2} + 4 \times 2.5 = \frac{95}{2}.$$

(4) 当 c_3 增加 p 后，由表 2.22 之（Ⅲ）知，z_1-行中 x_3 的系数变为 $-\dfrac{5}{4} + p$（其余的数不变）. 因为在该表中，x_3 是非基变量，所以，这个系数也就是检验数了. 由 $-\dfrac{5}{4} + p \leqslant 0$，得 $p \leqslant \dfrac{5}{4}$，即 c_3 的容许范围为

$$c_3 \leqslant 10 + \frac{5}{4} = 11.25.$$

当 c_3 由 10 变为 15 时，就超出了它的容许范围，需重新求出最优解，但可利用已有的结果. 注意此时 $p = 5$，由表 2.22 之（Ⅲ），可得表 2.24 之（Ⅰ）. 因为该表中检验数

$$\sigma_3 = -\frac{5}{4} + 5 = \frac{15}{4} > 0,$$

故需换基. 换基后得单纯形表 2.24（Ⅱ），它已是最优表. 最优值为

$$x_1^* = 2, \quad x_2^* = 0, \quad x_3^* = 2; \quad z^* = 45.$$

表 2.24

		x_1	x_2	x_3	S_1	S_2	S_3	右端	比值
（Ⅰ）	z_1			$-\frac{5}{4}+5$	$-\frac{15}{8}$	$-\frac{15}{2}$		$-\frac{75}{2}$	
	x_1	1		1	1/2			4	4
	x_2		1	1/4	$-1/8$	1/2		1/2	2
	S_3			③/4	3/8	$-1/2$	1	3/2	2
（Ⅱ）	z_1					-5	-5	-45	
	x_1	1			×	×	×	2	
	x_2		1		×	×	×		
	x_3			1	×	×	×	2	

9. 仍考虑上题中的 LP 问题. 利用影子价格, 分别求出下述各种情况下目标函数值的变化: (1) b_1 由 8 变成 9; (2) b_2 由 3 变成 4; (3) b_3 由 6 变成 7.

解 由表 2.22 之 (Ⅲ) 知, (1) $\frac{15}{8}$, (2) $\frac{15}{2}$, (3) 0.

10*. 设有 LP 问题:
$$\max \quad 5x_1+12x_2+4x_3,$$
$$\text{s. t.} \quad x_1+2x_2+x_3 \leqslant 5,$$
$$2x_1-x_2+3x_3=2,$$
$$x_1,x_2,x_3 \geqslant 0,$$

其辅助问题的最优表的下半部分如表 2.25 所示, 其中, S_1 是第一个约束方程中的松弛变量, R_2 是第二个约束方程中的人工变量. 现问当原问题约束条件的右端由 $(5,2)^T$ 变为 $(4,6)^T$ 时, 新的最优解是什么?

表 2.25

	x_1	x_2	x_3	S_1	R_2	右端
x_2		1	$-1/5$	2/5	$-1/5$	8/5
x_1	1		7/5	1/5	2/5	9/5

解 根据题目所给的条件可知, 在用两阶段法解原问题时, 其辅助问题初始表的下半部分 (即去掉目标函数行所余下的部分) 如表 2.26 (Ⅰ) 所示. 经过若干次单纯形变换后, 它就变成了题中所给出的表 2.25. 为方便起见, 我们将该表又抄于表 2.26 中, 即表 2.26 之 (Ⅱ).

表 2.26

		x_1	x_2	x_3	S_1	R_2	右端
（Ⅰ）	S_1	1	2	1	1		5
	R_2	2	-1	3		1	2
（Ⅱ）	x_2		1	$-1/5$	$2/5$	$-1/5$	$8/5$
	x_1	1		$7/5$	$1/5$	$2/5$	$9/5$

现在假设原问题中第一、第二个约束的右端分别有改变量 t_1 和 t_2，则对新问题而言，其辅助问题初始表的下半部分，将比表2.26之（Ⅰ）在右边多出两列，即 t_1-列和 t_2-列. 注意，此时 t_1 的列向量将与 S_1 的列向量完全相同，而 t_2 的列向量将与 R_2 的列向量全同. 因此，也经过若干次单纯形变换后，可得一张与—2.26（Ⅱ）类似的表格，不过其右端列将变为

$$\frac{8}{5} + \frac{2}{5}t_1 - \frac{1}{5}t_2$$

$$\frac{9}{5} + \frac{1}{5}t_1 + \frac{2}{5}t_2$$

当原问题约束条件的右端由 $(5,2)^T$ 变为 $(4,6)^T$ 时，即有 $t_1 = -1$，$t_2 = 4$. 代入上述公式，则可得

$$x_2 = \frac{8}{5} + \frac{2}{5} \times (-1) - \frac{1}{5} \times 4 = \frac{2}{5},$$

$$x_1 = \frac{9}{5} + \frac{1}{5} \times (-1) + \frac{2}{5} \times 4 = \frac{16}{5}.$$

用这些数据代替表2.25之右端，便得表2.27（Ⅰ）. 在其中去掉 R_2-列，加上 z_1-行（$z_1 = -z$），就得表2.27（Ⅱ）. 将 z_1-行中基变量的系数化为0，就得表2.27（Ⅲ）.

表 2.27

		x_1	x_2	x_3	S_1	R_2	右端
（Ⅰ）	x_2		1	$-1/5$	$2/5$	$-1/5$	$2/5$
	x_1	1		$7/5$	$1/5$	$2/5$	$16/5$
（Ⅱ）	z_1	5	12	4			
	x_2		1	$-1/5$	$2/5$		$2/5$
	x_1	1		$7/5$	$1/5$		$16/5$
（Ⅲ）	z_1			$-3/5$	$-29/5$		$-104/5$
	x_2		1	$-1/5$	$2/5$		$2/5$
	x_1	1		$7/5$	$1/5$		$16/5$

表 2.27（Ⅲ）已是一张单纯形表了，而且是一张最优表。由此知，新问题的最优解和最优值为

$$x_1^* = \frac{16}{5}, \quad x_2^* = \frac{2}{5}, \quad x_3^* = 0; \quad z^* = \frac{104}{5}.$$

五、新增习题

1. 写出下列线性规划问题的对偶问题：

(1)   max $z = 4x_1 - 3x_2 + 5x_3 - 2x_4$,
   s.t. $3x_1 + 6x_2 - 4x_3 - 8x_4 \leqslant -5$,
     $-5x_1 + 2x_2 + 3x_3 - 4x_4 \geqslant 2$,
     $4x_1 + x_2 - 7x_3 - 3x_4 = 7$,
     $x_1, x_3 \geqslant 0, \quad x_2, x_4$ 无符号限制；

(2)   min $z = 6x_1 + 2x_2 - 4x_3 - 3x_4$,
   s.t. $5x_1 - 2x_2 + 3x_3 - 6x_4 \geqslant -3$,
     $3x_1 + x_2 + 8x_3 + 2x_4 = -4$,
     $2x_1 + 6x_2 - 4x_3 - x_4 \leqslant 6$,
     $x_1 \geqslant 0, \quad x_2, x_3 \leqslant 0, \quad x_4$ 无符号限制.

2. 利用互补松弛定理求解下述问题：

   max $z = 4x_1 + 3x_2 + 6x_3$,
   s.t. $3x_1 + x_2 + 3x_3 \leqslant 30$,
     $2x_1 + 2x_2 + 3x_3 \leqslant 40$,
     $x_1, x_2, x_3 \geqslant 0$.

3. 考虑下述问题：

   min $z = x_1 + x_2$,
   s.t. $2x_1 + x_2 \geqslant 4$,
     $x_1 + 2x_2 \geqslant 6$,
     $x_1 \leqslant 4$,
     $x_1, x_2 \geqslant 0$.

(1) 用图解法解此题.
(2) 用对偶单纯形法解此题.
(3) 画出用对偶单纯形法求解此题时所走过的路线.

4. 用对偶单纯形法解下述各题：

(1) min $z = x_1 + 2x_2 + 3x_3$,
s.t. $x_1 - x_2 + 2x_3 \geqslant 3$,
$2x_1 + x_2 + 3x_3 \geqslant 10$,
$3x_1 - 2x_2 + 2x_3 \leqslant 11$,
$x_1, x_2, x_3 \geqslant 0$;

(2) min $z = 3x_1 + 2x_2 + x_3$,
s.t. $x_1 + x_2 + x_3 \leqslant 6$,
$x_1 - x_3 \geqslant 4$,
$x_2 - x_3 \geqslant 3$,
$x_1, x_2, x_3 \geqslant 0$.

5. 已知线性规划问题

max $z = x_1 + 3x_2 + 5x_3$,
s.t. $6x_1 + 3x_2 + 5x_3 \leqslant 35$,
$3x_1 + 4x_2 + 5x_3 \leqslant 25$,
$x_1, x_2, x_3 \geqslant 0$

的最优表如表 2.28 所示,其中 $z_1 = -z$;x_4, x_5 是松弛变量.

表 2.28

	x_1	x_2	x_3	x_4	x_5	右端
z_1	-2	-1			-1	-25
x_4	3	-1		1	-1	10
x_5	3/5	4/5	1		1/5	5

(1) 现设 z 中 x_1 的系数有个改变量 p_1,问 p_1 限制在什么范围内,原最优解不变?若 z 中 x_3 的系数由 5 变为 $5 + p_2$,求 p_2 的容许范围.

(2) 设第二个约束右端由 25 变为 28 时,求出新最优解和最优值.

6. 已知线性规划问题

min $z = 5x_1 + 21x_3$,
s.t. $x_1 - x_2 + 6x_3 \geqslant 2$,
$x_1 + x_2 + 2x_3 \geqslant 1$,
$x_1, x_2, x_3 \geqslant 0$

的最优表如表 2.29 所示,其中 x_4, x_5 是松弛变量.现设 z 中变量的系数分别发生下述变化时,原最优解是否仍为最优解,为什么?

(1) x_2 的系数由 0 变为 2.

(2) x_1 的系数由 5 变为 6.

7. 设上题中第一个约束右端由 2 变为 −2（其余数据不变），问此时原最优基是否仍为最优基，为什么？

表 2.29

	x_1	x_2	x_3	x_4	x_5	右端
z		−1/2		−11/4	−9/4	31/4
x_3		−1/2	1	−1/4	1/4	1/4
x_4	1	2		1/2	−3/2	1/2

8. 考虑下述问题：

$$\max \quad z = 2x_1 - 2x_2 + 3x_3,$$
$$\text{s.t.} \quad -x_1 + x_2 + x_3 \leqslant 4, \quad \text{（资源 1）}$$
$$2x_1 - x_2 + x_3 \leqslant 2, \quad \text{（资源 2）}$$
$$x_1 + x_2 + 3x_3 \leqslant 12, \quad \text{（资源 3）}$$
$$x_1, x_2, x_3 \geqslant 0.$$

(1) 用单纯形法解此题.

(2) 确定三种资源的影子价格，并描述它们的意义.

新增习题答案

1. 略.

2. $x_1 = 0, x_2 = 10, x_3 = \dfrac{20}{3}; z = 70.$

3. (1) $x_1 = \dfrac{2}{3}, x_2 = \dfrac{8}{3}; z = \dfrac{10}{3}.$

   (2) — (3) 略.

4. (1) $x_1 = \dfrac{31}{7}, x_2 = \dfrac{8}{7}, x_3 = 0; z = \dfrac{47}{7}.$

   (2) 无解.

5. (1) $p_1 \leqslant 2, p_2 \geqslant -\dfrac{5}{4}.$

   (2) $x_1 = 0, x_2 = 0, x_3 = \dfrac{28}{5}; z = 28.$

6. (1) 仍是.

(2) 不是.

7. 不是.

8. (1) $x_1 = 0$, $x_2 = 1$, $x_3 = 3$; $z = 7$.

   (2) $y_1^* = \dfrac{1}{2}$, $y_2^* = \dfrac{5}{2}$, $y_3^* = 0$. 它们分别是资源 1, 2, 3 的边际价值.

第三章
运 输 问 题

一、基本要求

在讨论运输问题的模型、解法等一般理论问题时,我们总假定所论问题为平衡运输问题.

1. 了解运输问题的数学模型.
2. 懂得运输问题的基由 $m+n-1$ 个变量组成以及这些变量能够形成基的充要条件(用闭回路概念表述).
3. 熟练掌握求运输问题初始基可行解的最小元素法和 Vogel 近似法.
4. 会计算位势,会用位势求检验数.
5. 熟练地掌握调整基可行解,直至获得最优解的方法.
6. 会将一个不平衡运输问题转化成一个平衡运输问题.
7. 知道指派问题的含义,会用匈牙利法解指派问题.

二、内容说明

1. 运输问题的约束方程共有 $m+n$ 个,但只有 $m+n-1$ 个方程是独立的,也就是说,有一个方程是多余的. 根据方程之间的类似性可知,去掉任何一个方程后,剩下的 $m+n-1$ 个方程都是独立的. 按照前面讲的单纯形法的要求,我们应该先去掉多余方程,然后才进行求解. 但是,由于运输模型的特殊性质,实际上我们并不需要这样做,因为在寻找运输问题的基及基解时,我们没有直接从约束方程组出发,而是借用了图论中某些概念和形式来进行工作. 当然运输问题既然是线性规划问题,那么关于它的求解仍是建立在求解线性规划的基本原理和方法之上,只不过在运输模型这种特殊条件下,那些方法和公式采取了一种特殊的形式,如用位势法去计算检验数等,而这些特殊形式对我们却极为方便.

2. 求初始调运方案,除了最小元素法和 VAM(Vogel 近似法)以外,还有西北角法. 此法不考虑成本, 求出的初始解较差, 故我们在教材[1]中未介绍.

用 VAM 求初始解时, 计算工作量较大, 但用它求出的初始解, 通常都是比较好的, 即比较接近最优解. 这样, 后续的调整工作就少了. 而调整工作是较为麻烦的, 所以, 用 VAM 求初始解从整体上说是有利的, 它可以减少许多计算量. 在有些情况下, 用 VAM 求出的初始解, 恰好就是最优解. 这样, 用 VAM 的优越性更是充分体现出来了.

3. 运输问题中的调整实质上就是单纯形法中的换基(包括求出最优基可行解). 入基变量的确定方法同单纯形法一样, 也是取任何一个具有正检验的变量(通常取具有最大正检验数的变量)入基. 在确定出基变量时, 运输问题中的做法是先作一闭回路 L, 闭回路的起点就是入基变量. 然后沿水平或垂直方向前进, 碰到适当的基变量转弯. 这里所谓"适当的", 没有一个具体的定义, 只是要求所走路线最后要能回到出发点, 这样才能形成一条闭回路. 在用表上作业法解题时, 一般是靠观察认出哪个基变量是适当的. 所谓转弯, 就是指从水平方向转成垂直方向, 或者从垂直方向转成水平方向, 转弯的点叫做顶点. 注意, 两段路线(一段水平的, 一段垂直的)相交的点不一定是顶点. 只有使路线转弯的点才是顶点.

作出了闭回路 L 以后, 要给 L 的顶点编号. 在教材[1]中, 把起点编号为 1, 然后依次编号为 2, 3, …. 但在有些书中, 把起点编号为 0, 这样亦可. 由于编号不同, 顶点的奇偶性有别. 按照教材[1]中顶点编号法, 为确定出基变量, 我们须把注意力集中在偶数号顶点上, 其中取值最小者出基, 它所取之值为调整量 θ.

确定了入基变量, 出基变量和调整量以后, 便可以对原有的解进行调整了. 调整工作只在 L 的顶点上进行: 奇数号顶点上的变量值加 θ, 偶数号顶点上的变量值减 θ, 不在 L 的顶点上的变量之值不动.

4. 在运输问题的调整过程中, 表内数据较多, 除了运价、发量、收量等原始信息外, 又增加了经计算得出的调运量、位势、检验数等, 读者应十分清楚各数的书写位置及其含义. 特别值得提出的是, 每个格子内右上角的数有两种: 有圈的是基变量之取值, 无圈的是检验数. 当确定了某个变量, 比如 x_{34}, 为入基变量时, 该变量所在方格内右上角一定有个正数, 比如 5. 这个 5 是检验数, 不是 x_{34} 取之值. x_{34} 是非基变量, 其值为 0. 在调整时, x_{34} 的值应加上 θ, 即为 $0 + \theta = \theta$, 而不是 $5 + \theta$.

5. 在指派问题的解法中, 我们介绍了如何找出最少直线数的经验方法. 这个方法很有效, 也很简单方便. 利用它, 不但找出了最少数的直线, 而且获得了 n 个位于不同行不同列上的 0 元素, 也即获得了最优解.

三、新 增 例 题

例 1 已给一个运输问题如表 3.1 所示. 试用最小元素法求出初始解,然后调整成最优解.

表 3.1

2	3	7	4	7
1	4	5	2	12
5	2	3	6	8
5	7	6	9	

解 用最小元素求出的初始解如表 3.2 所示.

表 3.2

		B_1	B_2	B_3	B_4	
		3	6	7	4	
	A_1	1		⑤	②	
0		2	3	7	4	7
	A_2	⑤			⑦	
−2		1	4	5	2	12
	A_3		⑦	①		
−4		5	2	3	6	8
		5	7	6	9	

求出的位势亦填在表 3.2 上. 在计算检验数时,发现 $\sigma_{11}=1>0$,于是其余检验数就不算了. 将 x_{11} 为入基变量,作闭回路 L(画在表 3.2 中),易知 x_{14} 为出基变量, $\theta=2$. 调整一次,得新解如表 3.3 所示.

表 3.3

		B_1	B_2	B_3	B_4	
		2	6	7	3	
	A_1	②	3	⑤		
0		2	3	7	4	7
	A_2	③			⑨	
−1		1	4	5	2	12
	A_3		⑦	①		
−4		5	2	3	6	8
		5	7	6	9	

求出位势后,计算检验数时,发现仍有正检验数 $\sigma_{12} = 3$. 于是以 x_{12} 为入基变量. 作出闭回路后, 可知 x_{13} 出基, $\theta = 5$. 再调整一次, 又得一新解如表 3.4 所示, 相应的位势和检验数亦填在表中.

表 3.4

		B_1 2	B_2 3	B_3 4	B_4 3	
	A_1	②	⑤	-3	-1	7
0		2	3	7	4	
	A_2	③	-2	-2	⑨	12
-1		1	4	5	2	
	A_3	-4	0	⑥	-4	8
-1		5	2	3	6	
		5	7	6	9	

由表 3.4 可知, 此时一切检验数均已 $\leqslant 0$, 故已得最优解. 最优值为
$$z^* = 2 \times 2 + 3 \times 5 + 1 \times 3 + 2 \times 9 + 2 \times 2 + 3 \times 6$$
$$= 62.$$

例 2 解如表 3.5 所示的运输问题.

表 3.5

		B_1 5	B_2 1	B_3 4	B_4 5	
	A_1	⑩	9	⑳	7	30
0		5	9	4	7	
	A_2	②	⑤	11	⑪	18
5		10	6	11	10	
	A_3	7	⑩	2	5	10
1		7	2	3	5	
		12	15	20	11	

解 用最小元素法求得一初始解亦填在表 3.5 中. 求出位势后, 计算检验数时, 知 $\sigma_{33} = 2 > 0$, 于是 x_{33} 为入基变量, 作闭回路 L (见表 3.5). 易知 x_{21} 出基, $\theta = 2$.

调整一次, 得新解如表 3.6 所示. 因为其中的检验数 $\sigma_{34} = 1 > 0$, 故还要调整. 调整后的新解如表 3.7 所示. 该解对应的位势和检验数也填在表 3.7 中.

由表 3.7 可知, 此时全部 $\sigma_{ij} \leqslant 0$, 故已得最优解. 最优值为
$$z^* = 5 \times 12 + 4 \times 18 + 6 \times 15 + 10 \times 3 + 3 \times 2 + 5 \times 8$$
$$= 298.$$

表 3.6

	B_1 5	B_2 3	B_3 4	B_4 7	
A_1 0	⑫ 5	9	⑱ 4	7	30
A_2 3	10	6	⑦ 11	⑪ 10	18
A_3 −1	7	⑧ 2	② 3	−1 5	10
	12	15	20	11	

表 3.7

	B_1 5	B_2 2	B_3 4	B_4 6	
A_1 0	⑫ 5	−7 9	⑱ 4	−1 7	30
A_2 4	−1 10	⑮ 6	−3 11	③ 10	18
A_3 −1	−3 7	−1 2	② 3	⑧ 5	10
	12	15	20	11	

例 3 解如表 3.8 所示的不平衡运输问题.

表 3.8

2	6	5	3	15
1	3	2	1	17
3	2	7	4	13
10	13	12	5	

解 因为总收量 40＜总发量 45，故虚设一收点 B_5，其收量为 5，这样便将所给问题化成了一个平衡运输问题，如表 3.9 所示.

用最小元素法求得一初始解，如表 3.9 中有关数字所示，相应的位势亦填在该表中. 因为检验数 $\sigma_{11} > 0$，故 x_{11} 入基. 作出闭回路后，可知 x_{13} 或 x_{21} 均可作出基变量. 我们取 x_{13} 出基，$\theta = 10$. 调整后的新解如表 3.10 所示.

表 3.9

		B_1		B_2		B_3		B_4		B_5	
		4		6		5		4		0	
	A_1	+		⓪		⑩				⑤	15
0		2		6		5		3		0	
	A_2	⑩				②		⑤			17
-3		1		3		2		1		0	
	A_3			⑬							13
-4		3		2		7		4		0	
		10		13		12		5		5	

表 3.10

		B_1		B_2		B_3		B_4		B_5	
		2		6		3		2		0	
	A_1	⑩		⓪						⑤	15
0		2		6		5		3		0	
	A_2	⓪		+		⑫		⑤			17
-1		1		3		2		1		0	
	A_3			⑬							13
-4		3		2		7		4		0	
		10		13		12		5		5	

新解对应的位势亦填在该表中,因为有正检验数 σ_{22},故仍需调整,x_{22} 入基. 作出闭回路后,可知 x_{12} 或 x_{21} 都可作为出基变量. 我们取 x_{12} 出基,$\theta=0$. 再次调整后的新解如表 3.11 所示.

对表 3.11,求出位势后(亦填在该表中),计算检验数. 此时,由于一切 $\sigma_{ij}\leqslant 0$,故已得最优解. 最优值为

$$z^* = 2\times 10 + 2\times 12 + 1\times 5 + 2\times 13 = 75.$$

值得注意的是,从表 3.10 到表 3.11,只是有一个基变量作了调整,即在表 3.10 中,x_{12} 是基变量,而 x_{22} 是非基变量;但在表 3.11 中,x_{12} 成了非基变量,而 x_{22} 成了基变量. 因为这两个变量在两个表中的取值都是 0,所以这样的调整并未改变总运费 z. 但是,在表 3.10 中因为还有正检验数,所以我们还没有根据断定它是最优解,故作了一次调整. 到了表 3.11 时,因为一切检验数 $\sigma_{ij}\leqslant 0$,所以我们知道,表 3.11 所表示的解确实是最优解了. 而因为表 3.10 的解对应的总运费与表 3.11 的相同,因此可知表 3.10 所表示的解也是最优解. 这里我们碰到了运输问题中出现多重最优解的情形.

表 3.11

	B_1	B_2	B_3	B_4	B_5	
	2	4	3	2	0	
A_1	⑩	-2	-2	-1	⑤	15
0	2	6	5	3	0	
A_2	⓪	⓪	⑫	⑤	-1	17
-1	1	3	2	1	0	
A_3	-3	⑬	-6	-4	-2	13
-2	3	2	7	4	0	
	10	13	12	5	5	

例 4 再来考虑上例中表 3.8 所示的不平衡运输问题.

因为总发量 > 总收量,故一定有些发点的物资不能全部运出,即这些发点会有物资储存.现设三个发点的单位储存费分别为 4,5,2,试作出最优的调运方案.

解 此题的解法与上题类似,也是虚设一个收点 B_5,不过它的单位运价不再是 0,0,0,而是 4,5,2.由此可得表 3.12.

表 3.12

	B_1	B_2	B_3	B_4	B_5	
	4	6	5		4	
A_1	+	⓪	⑩		⑤	15
0	2	6	5	3	4	
A_2	⑩		②	⑤		17
-3	1	3	2	1	5	
A_3		⑬				13
-4	3	2	7	4	2	
	10	13	12	5	5	

表 3.12 中有正检验数 σ_{11},故需换基.x_{11} 入基,作出闭回路后知,x_{13} 和 x_{21} 均可出基.选 x_{13} 出基,$\theta = 10$.调整后的新解如表 3.13 所示.

表 3.13 中,因 $\sigma_{22} > 0$,故还需调整.x_{22} 入基,取 x_{12} 出基.得新解如表 3.14 所示.这次调整,只是改变了个别基变量,而目标函数值未变,因 $\theta = 0$.

在表 3.14 中,写出了各个位势.通过计算,知此时一切 $\sigma_{ij} \leqslant 0$,故已得最优解.最优值为

$$z^* = 2 \times 10 + 4 \times 5 + 2 \times 12 + 1 \times 5 + 2 \times 13 = 95.$$

表 3.13

	B₁ 2	B₂ 6	B₃ 3	B₄ 2	B₅ 4	
A₁ 0	⑩ 2	⓪ 6	5	3	⑤ 4	15
A₂ -1	⓪ 1	3	⑫ 2	⑤ 1	5	17
A₃ -4	3	⑬ 2	7	4	2	13
	10	13	12	5	5	

表 3.14

	B₁ 2	B₂ 4	B₃ 3	B₄ 2	B₅ 4	
A₁ 0	⑩ 2	-2 6	-2 5	-1 3	⑤ 4	15
A₂ -1	⓪ 1	⓪ 3	⑫ 2	⑤ 1	-2 5	17
A₃ -2	-3 3	⑬ 2	-6 7	-4 4	0 2	13
	10	13	12	5	5	

显然表 3.13 所示的解也是最优解,最优值都是 95. 我们再次碰到了运输问题中出现多重最优解的情形.

与上例相比,可知当考虑到储存成本时,总的费用(运费和存储费)有所增加,增加的金额为 $95-75=20$.

例 5 设有 5 台机床,加工 4 种零件. 它们加工每种零件的单位成本如表 3.15 所示,但第 4 台机床不能加工第 4 种零件. 其余各项要求同指派问题. 试求使总成本最小的加工方案.

表 3.15

		机床				
		1	2	3	4	5
零件	1	3	6	4	2	5
	2	6	5	2	1	3
	3	4	3	7	2	1
	4	3	4	2	—	3

解 因为机床有5台,而零件只有4种,故虚设一种零件,得一个5×5的指派问题. 求解过程如表3.16～表3.18所示.

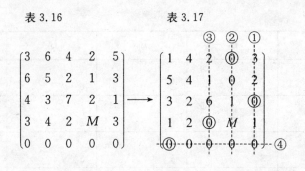

表3.16   表3.17

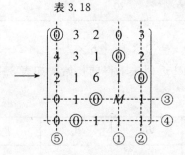

表3.18

由表3.18可知,$x_{11}^* = x_{24}^* = x_{35}^* = x_{43}^* = x_{52}^* = 1$,其余 $x_{ij}^* = 0$;
$z^* = 3+1+1+2 = 7$.

最优加工方案为:第1种零件由第1台机床加工,第2种零件由第4台机床加工,第3种零件由第5台机床加工,第4种零件由第3台机床加工,而第2台机床不加工零件,总成本为7.

四、习题解答

1. 设有如下的运输问题:

	B_1	B_2	B_3	
A_1	1	2	6	7
A_2	0	4	2	12
A_3	3	1	5	11
	10	10	10	

(1) 用最小元素法和 Vogel 近似法分别求初始解;

(2) 由最小元素法所得的初始解求最优解.

解 (1) 用最小元素法求得的初始解如表 3.19 所示.

表 3.19

	B_1	B_2	B_3	
A_1	× 1	× 2	⑦ 6	7
A_2	⑩ 0	× 4	② 2	12
A_3	× 3	⑩ 1	① 5	11
	10	10	10	

$$z = 0\times 10 + 6\times 7 + 2\times 2 + 5\times 1 + 10\times 1 = 61.$$

用 Vogel 近似法求得的初始解如表 3.20 所示.

表 3.20

	B_1	B_2	B_3		行差
A_1	⑦ 1	× 2	× 6	7	1 1 1
A_2	② 0	× 4	⑩ 2	12	2 ④ —
A_3	① 3	⑩ 1	× 5	11	2 2 ②
	10	10	10		
列差	1 1 2	1 1 1	③ — —		

$$z = 1\times 7 + 0\times 2 + 2\times 10 + 3\times 1 + 10\times 1 = 40.$$

(2) 求最优解：以最小元素法所得初始解表 3.19 为基础，算出位势和检验数，如表 3.21 所示，因 $\sigma_{11} > 0$，故需调整，x_{11} 为入基变量，作闭回路 L 后，易知 x_{13} 为出基变量，调整后的解如表 3.22 所示.

在表 3.22 中全部检验数都已 $\leqslant 0$，故它已是最优表，最优解为

$$x_{11}^* = 7,\ x_{21}^* = 3,\ x_{23}^* = 9,\ x_{32}^* = 10,\ x_{33}^* = 1,$$

其余 $x_{ij}^* = 0;\ z = 40.$

表 3.21

		B_1		B_2		B_3	
		4		2		6	
	A_1		3		0		⑦	7
0		1		2		6	
	A_2		⑩		6		②	12
-4		0		4		2	
	A_3		0		⑩		①	11
-1		3		1		5	
		10		10		10	

表 3.22

		B_1		B_2		B_3	
		1		-1		3	
	A_1		⑦		-3		-3	7
0		1		2		6	
	A_2		③		-6		⑨	12
-1		0		4		2	
	A_3		0		⑩		①	11
2		3		1		5	
		10		10		10	

2. 求解如下的运输问题：

	B_1	B_2	B_3	
A_1	5	1	0	20
A_2	3	2	4	10
A_3	7	5	2	15
A_4	9	6	0	15
	5	10	15	

要求收点 B_1 的需求必须由发点 A_1 满足.

解 因题中要求 B_1 的需求必须由 A_1 满足，故令 $x_{11}=5$ 后，可以认为 B_1 已不存在，而将 A_1 的供应量改为 $20-5=15$，此时 $\sum b_i=25$，供大于求，差额为 30，故虚设一个收点 B_4，将问题化为如表 3.23 所示的平衡运输问题. 用 Vogel 近似法求出初始解后，算出各个检验数，便知此解已是最优解. 最优解和最优值为

$$x_{11}^*=5, \quad x_{12}^*=10, \quad x_{43}^*=15; \quad z^*=35.$$

由于总的发量有 60，而总的收量只有 30，故共有 30 单位的货物存于各个发点. 由最优表知，各发点的存货量为 A_1 存 5，A_2 存 10，A_3 存 15.

表 3.23

		B_2	B_3	B_4		行差
		1	0	0		
	A_1	⑩	0	⑤	15	0 0 0 0
0		1	0	0		
	A_2	−1	−4	⑩	10	2 ② — —
0		2	4	0		
	A_3	−4	−2	⑮	15	② — — —
0		5	2	0		
	A_4	−5	⑮	⓪	15	0 0 0 0
0		6	0	0		
		10	15	30		
列差		1 1 ⑤ —	0 0 0 0	0 0 0 0		

3. 求解如下的运输问题：

	B_1	B_2	B_3	
A_1	5	2	3	100
A_2	8	4	3	300
A_3	9	7	5	300
	300	200	200	

解 用 Vogel 近似法求出初始解，如表 3.24 所示，然后，算出各个检验数，便知此解已是最优解.

表 3.24

		B_1	B_2	B_3		行差
		5	2	1		
	A_1	⑩⓪	0	−2	100	1 — —
0		5	2	3		
	A_2	−1	②⓪⓪	⑩⓪	300	1 1 ⑤
2		8	4	3		
	A_3	②⓪⓪	−1	⑩⓪	300	2 2 4
4		9	7	5		
		300	200	200		
列差		③ 1 1	2 ③ —	0 2 2		

最优值为 $z = 500 + 800 + 300 + 500 + 1\,800 = 3\,900$.

4. 如果考虑一项劳动纠纷，上题中暂时取消了由 A_2 到 B_2 的路线和 A_3 到 B_1 的路线，问应如何制定运输方案以使总运费最小(可在上题中令 $c_{22} = c_{31} = M$，此处 M 是一个较大的正数)？取消这两条路线给总运费带来什么影响？

解 用 Vogel 近似法求出初始解，如表 3.25 所示，然后，算出各个检验数，便知此解已是最优解.

表 3.25

		B_1 5	B_2 2	B_3 0		行差		
	A_1	0	⑩⑩	-3	100	1	—	
0		5	2	3				
	A_2	㉚⓪	$5-M$	0	300	5	5	5
3		8	M	3				
	A_3	$10-M$	⑩⓪	㉒⓪⓪	300	2	2	$M-5$
5		M	7	5				
		300	200	200				
列差		3	⑤	0				
		$M-8$	$M-7$	2				
		$M-8$	—	2				

最优值为
$$z^* = 200 + 2\,400 + 0 + 1\,000 + 70 = 4\,300.$$

与上题比较知，取消两条路线会增加总运费 $4\,300 - 3\,900 = 400$.

5. 在下面的运输问题中，总需求量超过总供应量. 假定 B_1, B_2, B_3 的需求未被满足时，其单位惩罚成本分别是 $5, 3$ 和 2. 求最优解.

	B_1	B_2	B_3	
A_1	5	1	7	10
A_2	6	4	6	80
A_3	3	2	5	15
	75	20	50	

解 因为总需求量 $145 >$ 总供应量 105，故需虚设一个发点 A_4，其发量为 $145 - 105 = 40$. A_4 对应的 3 个单位运价就分别是 3 个惩罚成本 $5, 3, 2$. 这样，我们就得到一个平衡运输问题，如表 3.26 所示. 用 Vogel 近似法求出初始解，并算出它对应的位势和检验数(亦填在表 3.26 中). 由于表中一切 $\sigma_{ij} \leqslant 0$. 故此初始解就是最优解.

表 3.26

	B_1	B_2	B_3		行差
A_1	3 −2	1 ⑩	3 −4	10	④ — — —
0	5	1	7		
A_2	⑩	⑩	⑩	80	2 2 2 2
3	6	4	6		
A_3	⑮	−1	−2	15	1 1 1 1
0	3	2	5		
A_4	−3	−3	㊵	40	1 1 1 —
−1	5	3	2		
	75	20	50		
列差	2	1	3		
	2	1	③		
	③	2	1		
	⑥	4	6		

最优值为 $z^* = 595$.

6. 在一个 3×3 的运输问题中，已知供应量 $a_1 = 15, a_2 = 30, a_3 = 85$；而需求量 $b_1 = 20, b_2 = 30, b_3 = 80$. 假定由西北角法得到的初始解就是最优解. 又设各位势为 $u_1 = -2, u_2 = 3, u_3 = 5, v_1 = 2, v_2 = 5, v_3 = 10$. 问：

（1）最优总运费是多少？

（2）在保持上面的解最优的条件下，各个非基变量的 c_{ij} 的最小值是什么？

解 根据题目中所给的发量、收量情况，首先我们可得一张收发平衡表，其中的 c_{ij} 是一些未知的单位运价. 其次，我们应用西北角法得到一个初始解，如表 3.27 所示.

表 3.27

		B_1	B_2	B_3	
		2	5	10	
A_1		⑮	×	×	15
−2		0	c_{12}	c_{13}	
A_2		⑤	㉕	×	30
3		5	8	c_{23}	
A_3		×	⑤	⑧⓪	85
5		c_{31}	10	15	
		20	30	80	

注意，每个基变量所在格子内的 c_{ij} 可根据已给的各个位势算出，因为对这些运价，我们有 $c_{ij} = u_i + v_j$.

(1) 最优总运费为
$$z^* = 5 \times 5 + 10 \times 5 + 15 \times 80 = 1\,275.$$

(2) 依题意，由西北角法得到的初始解就是最优解，故表 3.27 就已经是最优表. 因为在最优表中，各个非基变量的检验数都 $\leqslant 0$，所以有
$$5 - 2 - c_{12} \leqslant 0,$$
$$10 - 2 - c_{13} \leqslant 0,$$
$$10 + 3 - c_{23} \leqslant 0,$$
$$2 + 5 - c_{31} \leqslant 0,$$

由此可得
$$c_{12} \geqslant 3, \quad c_{13} \geqslant 8, \quad c_{23} \geqslant 13, \quad c_{31} \geqslant 7.$$

7. 现用 4 台机床来加工 4 种零件. 但第三台机床不能加工第一种零件，第四台机床不能加工第三种零件. 加工费用（以元计）如下所示：

		机		床	
		1	2	3	4
零	1	5	5	—	2
	2	7	4	2	3
件	3	9	3	5	—
	4	7	2	6	7

求最优安排及最低总费用.

解 求解过程如下：

$$\begin{bmatrix} 5 & 5 & M & 2 \\ 7 & 4 & 2 & 3 \\ 9 & 3 & 5 & M \\ 7 & 2 & 6 & 7 \end{bmatrix} \to \begin{bmatrix} 3 & 3 & M & 0 \\ 5 & 2 & 0 & 1 \\ 6 & 0 & 2 & M \\ 5 & 0 & 4 & 5 \end{bmatrix} \to \begin{bmatrix} ⓪ & 3 & M & 0 \\ 2 & 2 & ⓪ & 1 \\ 3 & ⓪ & 2 & M \\ 2 & 0 & 4 & 5 \end{bmatrix}$$

$$\to \begin{bmatrix} ⓪ & 4 & M & 0 \\ 1 & 2 & ⓪ & 0 \\ 2 & ⓪ & 2 & M \\ 1 & 0 & 4 & 4 \end{bmatrix} \to \begin{bmatrix} 0 & 5 & M & ⓪ \\ 1 & 3 & ⓪ & 0 \\ 1 & ⓪ & 1 & M \\ ⓪ & 0 & 3 & 3 \end{bmatrix}.$$

故最优解为 $x_{14}^* = x_{23} = x_{32} = x_{41} = 1$，其余 $x_{ij}^* = 0$；
$$z = 2 + 2 + 3 + 7 = 14 \text{（元）}.$$

8. 求解下述效率矩阵决定的指派问题：

(1) $\begin{pmatrix} 2 & 8 & 9 & 6 \\ 13 & 4 & 12 & 6 \\ 15 & 12 & 15 & 11 \\ 4 & 13 & 11 & 8 \end{pmatrix}$；　　(2) $\begin{pmatrix} 4 & 8 & 7 & 15 & 12 \\ 7 & 9 & 17 & 14 & 10 \\ 6 & 9 & 12 & 8 & 7 \\ 6 & 7 & 14 & 6 & 10 \\ 6 & 9 & 12 & 10 & 6 \end{pmatrix}$

解 (1) $\begin{pmatrix} 2 & 8 & 9 & 6 \\ 13 & 4 & 12 & 6 \\ 15 & 12 & 15 & 11 \\ 4 & 13 & 11 & 8 \end{pmatrix} \rightarrow \begin{pmatrix} 0 & 6 & 7 & 4 \\ 9 & 0 & 8 & 2 \\ 4 & 1 & 4 & 0 \\ 0 & 9 & 7 & 4 \end{pmatrix} \rightarrow$

$\begin{pmatrix} ⓪ & 6 & 3 & 4 \\ 9 & ⓪ & 5 & 2 \\ 4 & 1 & ⓪ & 0 \\ 0 & 9 & 3 & 4 \end{pmatrix} \rightarrow \begin{pmatrix} ⓪ & 6 & 1 & 2 \\ 9 & ⓪ & 3 & 0 \\ 6 & 3 & ⓪ & 0 \\ 0 & 9 & 1 & 2 \end{pmatrix} \rightarrow$

$\begin{pmatrix} ⓪ & 5 & 0 & 1 \\ 10 & ⓪ & 3 & 0 \\ 7 & 3 & 0 & ⓪ \\ 0 & 8 & ⓪ & 1 \end{pmatrix}$

最优解和最优值为

$$x_{11}^* = x_{22}^* = x_{34}^* = x_{43}^* = 1, \text{ 其余 } x_{ij}^* = 0;$$
$$z^* = 2 + 4 + 11 + 11 = 28.$$

(2) $\begin{pmatrix} 10 & 8 & 7 & 15 & 12 \\ 12 & 8 & 17 & 14 & 10 \\ 6 & 9 & 5 & 8 & 7 \\ 5 & 7 & 14 & 6 & 10 \\ 6 & 4 & 12 & 10 & 8 \end{pmatrix} \rightarrow \begin{pmatrix} 3 & 1 & 0 & 8 & 5 \\ 4 & 0 & 9 & 6 & 2 \\ 1 & 4 & 0 & 3 & 2 \\ 0 & 2 & 9 & 1 & 5 \\ 2 & 0 & 8 & 6 & 4 \end{pmatrix} \rightarrow$

$\begin{pmatrix} 3 & 1 & ⓪ & 7 & 3 \\ 4 & ⓪ & 9 & 5 & 0 \\ 1 & 4 & 0 & 2 & ⓪ \\ ⓪ & 2 & 9 & 0 & 3 \\ 2 & 0 & 8 & 5 & 2 \end{pmatrix} \rightarrow \begin{pmatrix} 2 & 1 & ⓪ & 6 & 3 \\ 3 & 0 & 9 & 4 & ⓪ \\ ⓪ & 4 & 0 & 1 & 0 \\ 0 & 3 & 10 & ⓪ & 4 \\ 1 & ⓪ & 8 & 4 & 2 \end{pmatrix}$

最优解和最优值为

$$x_{13}^* = x_{25}^* = x_{31}^* = x_{44}^* = x_{52}^* = 1, \text{ 其余 } x_{ij}^* = 0;$$

$$z^* = 7+10+6+6+4 = 33.$$

五、新增习题

1. 已给一个调运方案如表 3.28 所示(表中没有写出运价)，问它是不是可以作为用表上作业法求解运输问题时的初始解，为什么？

表 3.28

			⑧	⑤	13
⑦	②			①	10
		⑥	①		7
7	8	9	6		

2. 考虑如下的运输问题：

5	2	3	9	7
7	8	12	6	8
10	3	9	5	5
7	4	6	5	

(1) 用最小元素法求出初始解，然后求出最优解．

(2) 用 VAM 求出初始解，并问此解是否为最优解，为什么？

3. 解下述运输问题，它们分别由(1),(2),(3)所示：

(1)

2	9	10	7	9
1	3	4	2	5
8	4	2	5	7
3	8	4	6	

(2)

7	10	8	6	4	40
5	9	7	12	6	40
3	6	5	8	11	90
30	40	60	20	20	

(3)

8	6	3	7	5	20
5	M	8	4	7	30
6	3	9	6	8	30
25	25	20	10	20	

4. 已知一个运输问题及其最优解如表 3.29 所示，其中，运价 $c_{22} = k$ 是待定常数，试确定 k 的取值范围．

表 3.29

	B_1	B_2	B_3	B_4	
A_1	10	⑤ 1	20	⑩ 11	15
A_2	⓪ 12	⑩ k	⑮ 9	20	25
A_3	⑤ 2	4	16	18	5
	5	15	15	10	

5. 解由表 3.30 所示的指派问题：

表 3.30

$$\begin{pmatrix} 8 & 6 & 10 & 9 & 12 \\ 9 & 12 & 7 & 11 & 9 \\ 7 & 4 & 3 & 5 & 8 \\ 9 & 5 & 8 & 11 & 8 \\ 4 & 6 & 7 & 5 & 11 \end{pmatrix}$$

新增习题答案

1. 表 3.28 中所给的调运方案不能作为表上作业法的初始解．因为其中非零变量的个数 7 > 基变量的个数 6，该解不是基解．

2. (1) 用最小元素法求得的初始解如表 3.31 所示．易知它不是最优解，因为在求出位势后（见表 3.31）算得检验数 $\sigma_{22} > 0$．经过几次调整，可以获得最优解（第 2 小题的解答将给出最优解）．

表 3.31

		B_1 -2	B_2 2	B_3 3	B_4 -1	
0	A_1	5	④ 2	③ 3	9	7
9	A_2	⑦ 7	+ 8	① 12	6	8
6	A_3	10	3	② 9	③ 5	5
		7	4	6	3	

(2) 用 VAM 得到的初始解如表 3.32 所示.

表 3.32

	B_1	B_2	B_3	B_4			行差			
	5	2	3	4						
A_1		①	⑥		7		1	③	—	—
0	5	2	3	9						
A_2	⑦			①	8		1	1	1	1
2	7	8	12	6						
A_3		③		②	5		2	2	2	⑤
1	10	3	9	5						
	7	4	6	3						
列差	2	1	⑥	1						
	2	1	—	1						
	3	⑤	—	1						
	3	—	—	1						

与该解相对应的位势亦填在表 3.32 中. 经过计算, 知此时一切检验数都已 $\leqslant 0$, 故已得最优解, 最优值为

$$z^* = 2 \times 1 + 3 \times 6 + 7 \times 7 + 6 \times 1 + 3 \times 3 + 5 \times 2$$
$$= 94.$$

3. 最优解如(1), (2), (3) 所示.

(1)

③			⑥	9
2	9	10	7	
	⑤		⓪	5
1	3	4	2	
	③	④		7
8	4	2	5	
3	8	4	6	

($z^* = 83$)

(2)

			⑳	⑳	40
7	10	8	6	4	
		㊵		⓪	40
5	9	7	12	6	
㉚	㊵	⑳			90
3	6	5	8	11	
30	40	60	20	20	

($z^* = 910$)

(3)

8	6	㉚ 3	7	5	20
5	⑳ M	8	⑩ 4	7	30
6	⑤ 3	㉕ 9	6	8	30
⓪ 0	0	⓪ 0	0	⑳ 0	20
25	25	20	10	20	

($z^* = 305$)

4. 根据表 3.29 给出的解，我们可以求出相应的位势和检验数，如表 3.33 所示. 因为所给的解是最优解，故应有一切检验数 $\leqslant 0$. 由此可求得 k 的取值范围: $3 \leqslant k \leqslant 10$.

表 3.33

		B_1	B_2	B_3	B_4	
		13−k	1	10−k	11	
A_1	0	3−k 10	⑤ 1	−10−k 20	⑩ 11	15
A_2	k−1	⓪ 12	⑩ k	⑮ 9	k−10 20	25
A_3	k−11	⑤ 2	k−24 14	−17 16	k−18 18	5
		5	15	15	10	

5. 最优解为 $x_{12}^* = x_{23}^* = x_{34}^* = x_{45}^* = x_{51}^* = 1$，其余 $x_{ij}^* = 0$；最优值为 30.

第四章
线性规划在管理中的应用

一、基本要求

对于在生产、储存、运输、销售、财务、研发、人事、军事、教育等系统中的管理工作中所碰到的实际优化问题，当问题本身较为简单，且我们可以将其变量间的依赖关系近似地当做线性函数来处理时，会建立它们的线性规划模型.（不求解）

二、内容说明

建立一个实际问题的数学模型是一件很困难的工作，没有一般的规律可循，主要靠读者自己去多看，多想，多做.

本章所举各例只有带有说明性质和启发性质的，例中数据并非真实数字，而是为了简化而选用的简单数据，目的是希望读者掌握题中建模的方法.

三、新增例题

例1 民生化肥厂目前正在研究制定下个月的生产计划. 该厂的产品为氮肥、磷肥和钾肥. 生产这些产品所需要的原料，市场上供应充足，要多少可买多少. 将原料制成产品，要用到多种设备. 一般的设备，该厂也很齐全. 但有两种关键设备，价格昂贵，厂里数量不多. 为简单起见，我们称这两种设备分别为 A 型设备和 B 型设备. 厂里有 3 台 A 型设备，我们分别记为 A_1，A_2，A_3，其功能基本相同，但略有差别. B 型设备有两台，即 B_1，B_2，功能也类似. 这些设备下个月所能提供的工时数见表 4.1，每种化肥可在哪些设备上加工出来，以及加工 1 吨化肥所需的工时数也见表 4.1.

表 4.1

单位时耗\设备 \ 产品	氮肥	磷肥	钾肥	可用工时	加工费/(元/小时)
A_1	7	6		7 000	25
A_2	5	7		8 000	30
A_3		8	12	7 200	20
B_1	6	7	9	9 000	24
B_2	4		8	9 500	28
原料费/(元/吨)	300	380	250		
次要因素成本/(元/吨)	80	55	65		
售价/(元/吨)	1 200	1 500	1 300		

影响产品成本的主要因素有二:其一是原料的价格. 不同产品的原料,其进价当然不一样. 其二是两种关键设备的加工费用,不同的设备,其价格和操作技术不同,因此,每小时的加工费用也不一样. 除以上两种主要因素外,化肥的生产还需要用到其他一些设备,以及还有固定成本等因素均需考虑. 这些次要因素对不同生产过程而言,差别不大,为简单起见,我们假设,次要因素产生的成本只与产品有关,而与在关键设备上加工的过程无关.

虽然,同一种产品在厂内由于生产过程不完全相同,其实际成本确有差别,但工厂经过综合平衡,决定对外销售时,同一种产品的售价还是相同的.

以上各种情况均已汇总在表 4.1 中. 在市场销售方面,氮肥畅销,该厂能生产多少就能卖出多少. 磷肥已有 4 家商场订货,要求下月总共供应 500 吨. 钾肥的销量估计在 200 吨至 400 吨之间. 现在民生化肥厂需要决策的问题是:根据企业的内外环境,如何组织下月的生产,使企业能获得最好的经济效益?

解 这里所说的组织生产是指安排 3 种化肥下个月的产量,经济效益指利润.

每种产品的生产都要经过 A 型和 B 型两种设备的加工,但却有多种不同的组合方式:

氮肥:$(A_1, B_1), (A_1, B_2), (A_2, B_1), (A_2, B_2)$;

磷肥:$(A_1, B_1), (A_2, B_1), (A_3, B_1)$;

钾肥:$(A_3, B_1), (A_3, B_2)$.

每种产品的产量为各种方式的产量之和. 为此,设上述各种方式的生产量分别为(以吨为单位):

氮肥：$x_{11}, x_{12}, x_{13}, x_{14}$；

磷肥：x_{21}, x_{22}, x_{23}；

钾肥：x_{31}, x_{32}.

现在分析企业的收益情况. 每生产、销售 1 吨氮肥, 企业获销售收入 1 200 元, 同时支付原料费 300 元及次要因素成本费 80 元. 这三项的收支相抵为

$$1\,200 - 300 - 80 (元). \quad ①$$

但还要支付使用 A 型、B 型设备的加工费. 这项费用与加工的组合方式有关. 比如用 (A_1, B_1) 生产 1 吨氮肥, 需要 A_1 工作 7 小时, B_1 工作 6 小时. A_1, B_1 每小时的加工费分别为 25 元和 24 元, 故用 (A_1, B_1) 加工 1 吨氮肥共需加工费

$$25 \times 7 + 24 \times 6 (元). \quad ②$$

由 ① 和 ②, 用 (A_1, B_1) 方式生产 x_{11} 吨氮肥, 企业的获利为

$$(1\,200 - 300 - 80) x_{11} - (25 \times 7 + 24 \times 6) x_{11}.$$

类似分析其他各种组合方式的收支情况, 最后可得企业所获总利润为

$$\begin{aligned} z = & (1\,200 - 300 - 80)(x_{11} + x_{12} + x_{13} + x_{14}) \\ & - (25 \times 7 + 24 \times 6) x_{11} - (25 \times 7 + 28 \times 4) x_{12} \\ & - (30 \times 5 + 24 \times 6) x_{13} - (30 \times 5 + 28 \times 4) x_{14} \\ & + (1\,500 - 380 - 55)(x_{21} + x_{22} + x_{23}) \\ & - (25 \times 6 + 24 \times 7) x_{21} - (30 \times 7 + 24 \times 7) x_{22} \\ & - (20 \times 8 + 24 \times 7) x_{23} + (1\,300 - 250 - 65)(x_{31} + x_{32}) \\ & - (20 \times 12 + 24 \times 9) x_{31} - (20 \times 12 + 28 \times 6) x_{32}. \end{aligned}$$

易见, 约束条件为

$$\left. \begin{aligned} 7x_{11} + 7x_{12} + 6x_{21} &\leqslant 7\,000, \\ 5x_{13} + 5x_{14} + 7x_{22} &\leqslant 8\,000, \\ 8x_{23} + 12x_{31} + 12x_{32} &\leqslant 7\,200, \\ 6x_{11} + 6x_{13} + 7x_{21} + 7x_{22} + 7x_{23} + 9x_{31} &\leqslant 9\,000, \\ 4x_{12} + 4x_{14} + 8x_{32} &\leqslant 9\,500, \end{aligned} \right\} \text{资源约束}$$

$$\left. \begin{aligned} x_{21} + x_{22} + x_{23} &\geqslant 500, \\ 200 \leqslant x_{31} + x_{32} &\leqslant 400, \end{aligned} \right\} \text{市场约束}$$

$$\text{一切 } x_{ij} \geqslant 0.$$

例 2 利民米粉厂最近接到了若干商场的订单, 要求该厂第三季度按月向它们供应 I 型和 II 型两种米粉. 工厂对订单进行整理后, 提出了每种米

粉各月的需求量. 预计到第二季度末, Ⅰ 型米粉和 Ⅱ 型米粉还分别剩有 20 吨和 10 吨. 由于各月原料进价不一样等因素的影响, 致使各月的生产成本也有差别. 不管是生产 Ⅰ 型米粉还是生产 Ⅱ 型米粉, 工厂每月的生产能力是有限制的. 由于设备要进行定期维修, 所以各月的生产能力不一样. 库存费与米粉型号无关, 但不同月份可供利用的库存容量不同. 所有这些情况均汇总在表 4.2 中. 试为该企业第三季度的生产安排作出最省费用的计划.

表 4.2

月份	需求量/吨		单位生产成本/(元/吨)	生产能力/吨	库存成本/(元/吨)	库存容量/吨
7	Ⅰ	25	800	70	20	30
	Ⅱ	32	700			
8	Ⅰ	40	750	80	25	40
	Ⅱ	28	640			
9	Ⅰ	35	900	85	22	50
	Ⅱ	43	820			

解 这里要决策的问题是, 每种米粉每个月的生产量. 但当月的生产量又与上月留下来的库存量有关, 故除生产量外, 还需考虑产品的库存量. 为此, 设

x_{11}, x_{12}, x_{13} 分别表示 Ⅰ 型米粉在 7 月、8 月和 9 月的产量, 以吨为单位;

S_{11}, S_{12}, S_{13} 分别表示 Ⅰ 型米粉在 7 月底、8 月底和 9 月底的库存量, 以吨为单位;

x_{21}, x_{22}, x_{23} 分别表示 Ⅱ 型米粉在 7 月、8 月和 9 月的产量, 以吨为单位;

S_{21}, S_{22}, S_{23} 分别表示 Ⅱ 型米粉在 7 月底、8 月底和 9 月底的库存量, 以吨为单位.

生产成本费比较好计算, 而库存费的计算较为困难, 它主要涉及库存量的估计. 因为生产和销售都在不断地进行, 所以每天的库存量是在不断变化的. 究竟以一个怎样的数量作为全月库存数量的代表, 并以这个数量来计算库存费, 需要厂家和库存单位协商确定, 双方才愿意接受. 此处为简单起见, 就以 S_{11}, S_{12} 分别作为 Ⅰ 型米粉在 7 月和 8 月的库存量, S_{21}, S_{22} 分别作为 Ⅱ 型米粉在 7 月和 8 月的库存量. 但在 9 月份, 我们就不能以 S_{13} 和 S_{23} 分别作为 Ⅰ, Ⅱ 型米粉的库存量, 因为此时 $S_{13} = S_{23} = 0$. 若认为 9 月的库存量为 0, 就不付库存费, 这样做, 库存单位肯定是不会同意的.

我们可以用均匀生产和均匀销售的模型来解决库存量的问题，即取 9 月的库存量为该月生产量的一半. 这样的计算方法虽然是近似的，但却常可为厂方和库存方接受.

根据表 4.2 可得总费用为

$$z = 800x_{11} + 750x_{12} + 900x_{13} + 700x_{21} + 640x_{22} + 820x_{23}$$
$$+ 20(S_{11} + S_{21}) + 25(S_{12} + S_{22}) + 22 \cdot \frac{x_{13} + x_{23}}{2}.$$

在建立约束条件时，需要考虑到生产、销售和库存之间有下述关系：

上月底库存量 + 本月生产量 − 本月销售量 = 本月底库存量.

因为库存量是未知数，而销售量已给出为常量，故写模型时，常将上式改写为

上月底库存量 + 本月生产量 − 本月底库存量 = 本月销售量.

由此可得下述 6 个约束：

对 Ⅰ 型米粉，我们有

$$20 + x_{11} - S_{11} = 25,$$
$$S_{11} + x_{12} - S_{12} = 40,$$
$$S_{12} + x_{13} - S_{13} = 35;$$

对 Ⅱ 型米粉，我们有

$$10 + x_{21} - S_{21} = 32,$$
$$S_{21} + x_{22} - S_{22} = 28,$$
$$S_{22} + x_{23} - S_{23} = 43.$$

并要求 $S_{13} = S_{23} = 0$.

关于生产能力方面的约束为

$$x_{11} + x_{21} \leqslant 70,$$
$$x_{12} + x_{22} \leqslant 80,$$
$$x_{13} + x_{23} \leqslant 85.$$

关于库存方面的约束为

$$S_{11} + S_{21} \leqslant 30,$$
$$S_{12} + S_{22} \leqslant 40.$$

关于 9 月份的库存限制，因要求 $S_{13} = S_{23} = 0$，所以不能写为

$$S_{13} + S_{23} \leqslant 35.$$

这是当然满足的，但它不符合实际情况. 实际上，9 月份仍进行了生产，自然必有库存，只是库存量应如何计算的问题. 我们还是按照前面计算 9 月库存

费的考虑，如下来要求：两种米粉 9 月份的产量的一半不能超过规定库容：

$$\frac{x_{13}+x_{23}}{2} \leqslant 50.$$

此外，一切变量 $\geqslant 0$.

将上述各项综合起来，就可以得到一个完整的模型（要求目标函数最小化），此处就不再列出了.

例 3 长安机械制造厂金工车间接到一份订单，要求用直径为 10 毫米的圆钢截成 3 种规格材料：1.2 米长的要 100 根，1.8 米长的要 200 根，2.2 米长的要 300 根. 而仓库里的这种圆钢都是标准件，每根长为 5 米. 现问应如何进行截割，才能使余料最少？

解 同一根标准件，可以有多种不同的截法. 比如可以这样截：只截 2.2 米长的两根，余下 0.6 米长，不能截其他规格的了，如此等等. 我们将各种可能的截法列于表 4.3 中.

表 4.3

长度/m	截法						需求量/根
	Ⅰ	Ⅱ	Ⅲ	Ⅳ	Ⅴ	Ⅵ	
2.2	2	1	1	0	0	0	300
1.8	0	1	0	2	1	0	200
1.2	0	0	2	1	2	4	100
余料/m	0.6	1	0.4	0.2	0.8	0.2	

设用第 j 种截法截标准件的根数为 $x_j (j=1,2,\cdots,6)$，则有下述模型：

$$\min \ z = 0.6x_1 + x_2 + 0.4x_3 + 0.2x_4 + 0.8x_5 + 0.2x_6,$$

s.t.
$$2x_1 + x_2 + x_3 \geqslant 300,$$
$$x_2 + 2x_4 + x_5 \geqslant 200,$$
$$2x_3 + x_4 + 2x_5 + 4x_6 \geqslant 100,$$
$$x_1, x_2, \cdots, x_6 \geqslant 0, 为整数.$$

用线性规划的方法求解此问题，所得最优解不一定符合整数条件，通过适当调整（如四舍五入），可得一整数解. 该解虽不一定就是精确的整数最优解，而可能只是一个近似解，但按这样得到的解去下料，比完全凭经验操作，其效果要好得多. 要想得到精确的整数最优解，则需要整数规划的方法.

在有些情况下，还可将本例中的问题改为：如何下料，才能使所用标准件根数最少？

这时的目标函数为

$$\min \ z = x_1 + x_2 + \cdots + x_6,$$

约束条件同前.

例 4 现在我们将上例稍为改变一下,考虑有两种标准件的情况. 设金工车间接到一份订单,要求用直径 10 毫米的圆钢截出 3 种长度不同的料: 2.8 米的 100 根, 2.5 米的 200 根, 1.5 米的 300 根. 车间仓库内有两种直径为 10 毫米的圆钢标准件,其长度分别为 5 米和 8 米,现问应如何下料,使余料最少?

解 作与上例同样的分析,可知先应找出对每种标准件有哪些截法. 这一工作见表 4.4. 表中 $i=1,2$ 分别代表 5 米长和 8 米长的标准件.

表 4.4

长度 /m	$i=1$				$i=2$							
	Ⅰ	Ⅱ	Ⅲ	Ⅳ	Ⅰ	Ⅱ	Ⅲ	Ⅳ	Ⅴ	Ⅵ	Ⅶ	Ⅷ
2.8	1	0	0	0	2	1	1	1	0	0	0	0
2.5	0	2	1	0	0	2	1	0	3	2	1	0
1.5	1	0	1	3	1	0	1	3	0	2	3	5
余料 /m	0.7	0	1	0.5	0.9	0.2	1.2	0.7	0.5	0	1	0.5

由表 4.4 知,对 5 米长标准件 ($i=1$),有 4 种截法,对 8 米长标准件 ($i=2$) 有 8 种截法,设 $x_{1j}(j=1,2,3,4)$ 表示 5 米长标准件用第 j 种截法的标准件根数,$x_{2j}(j=1,2,\cdots,8)$ 表示 8 米长标准件用第 j 种截法的标准件根数. 则可得下述模型:

$$\min \ z = 0.7x_{11} + x_{13} + 0.5x_{14} + 0.9x_{21} + 0.2x_{22} + 1.2x_{23} + 0.7x_{24}$$
$$+ 0.5x_{25} + x_{27} + 0.5x_{28},$$

s.t.
$$x_{11} + 2x_{21} + x_{22} + x_{23} + x_{24} \geq 100,$$
$$2x_{12} + x_{13} + 2x_{22} + x_{23} + 3x_{25} + 2x_{26} + x_{27} \geq 200,$$
$$x_{11} + x_{13} + 3x_{14} + x_{21} + x_{23} + 3x_{24} + 2x_{26} + 3x_{27} + 5x_{28} \geq 300,$$
$$\text{一切 } x_{ij} \geq 0, \text{为整数}.$$

有时,亦可将目标函数取为

$$\min \ z = \sum_{j=1}^{4} x_{1j} + \sum_{j=1}^{8} x_{2j}.$$

例 5 新星餐饮公司专门为顾客提供食宿服务. 过去由于管理不善,用人方面存在很大浪费. 他们决心从下月起按最优用人计划来雇佣服务员. 为此他们需要确定下月所需要的最少服务员人数.

因为白天和晚上都有顾客来公司食宿, 所以他们实行全天 24 小时营业. 但在不同的时段里, 顾客人数不一样, 因此需要的服务员人数也不一样. 经过对以往资料的统计分析, 该公司提出了每个时段需要的最少服务员人数, 如表 4.5 所示. 公司把全天分成 6 个时段, 每个时段为 4 小时. 公司规定, 每个服务员在某一时段开始时上班, 连续工作 8 小时. 公司要决策的问题是: 下月最少需要雇佣多少服务员, 才能满足工作需要?

表 4.5

时段	一	二	三	四	五	六
时间	2～6点	6～10点	10～14点	14～18点	18～22点	22～2点
最少人数/人	18	25	35	30	22	10

解 设在时段 j 开始上班的人数为 $x_j (j=1,2,\cdots,6)$, 则可建立下述模型:

$$\min \quad z = x_1 + x_2 + x_3 + x_4 + x_5 + x_6,$$
$$\text{s.t.} \quad x_1 + x_6 \geq 18,$$
$$x_1 + x_2 \geq 25,$$
$$x_2 + x_3 \geq 35,$$
$$x_3 + x_4 \geq 30,$$
$$x_4 + x_5 \geq 22,$$
$$x_5 + x_6 \geq 10.$$
$$x_1, x_2, \cdots, x_6 \geq 0, \text{为整数}.$$

按照一般情况, 每个服务员每天只工作 8 小时, 因此一天中他开始上班的时段, 必须有一个, 也只能有一个. 所以, 将各个时段开始时上班的人数加起来, 也就是全天所需要的服务员数. 当然, 如果出现特殊情况, 比如说, 有 3 个服务员, 他们愿意每天工作两个 8 小时, 那么, 按上述模型求出的解要减 3.

例 6 设有 3 块棉花产地 A_1, A_2, A_3, 其产量分别为 13 吨、10 吨和 12 吨. 另有 4 个城市 B_1, B_2, B_3, B_4, 因为开设了纺织厂而需要棉花. 但其需求量都不是一个常数, 而有一定浮动范围. B_1 的最低需求量为 8 吨, 其最高需求量为 12 吨; B_2 的需求量就是 13 吨, 没有伸缩性; B_3 自己有一个产棉农场,可满足生产需要. 但它表示, 亦愿从 A_1, A_2, A_3 三地最多购买 8 吨; B_4 最低需求量 6 吨, 最高需求量不限. 由于 A_3 到 B_4 的交通不方便, 故 A_3 不供应 B_4 的棉花. 各个产地到销地的单位运价(万元 / 吨)是已知的. 这些情况均已汇总于表 4.6 中.

表 4.6

单位运价\销地\产地	B_1	B_2	B_3	B_4	产 量
A_1	8	4	10	5	13
A_2	5	3	7	10	10
A_3	9	12	5	—	12
最低销量	8	13	0	6	
最高销量	12	13	8	不限	

3 个棉产地 A_1, A_2, A_3 的棉花运输均由保农联运公司负责. 现问该公司应如何组织棉花调运, 才能使总运费最小?

解 先对 B_4 确定可能的最高销量. 3 个产地的总产量为
$$13 + 10 + 12 = 35.$$
而 B_1, B_2, B_3 三个城市的最低销量为 $8 + 13 + 0 = 21$. 所以 B_4 最多可能获得 $35 - 21 = 14$. 于是 4 个城市的最高销量为
$$12 + 13 + 8 + 14 = 47.$$
而总产量只有 35, 故虚设一产地 A_4, 其产量为
$$47 - 35 = 12.$$

再将每个销地的销量分为两部分, 一部分为最低销量, 另一部分为机动销量, 即为最高销量与最低销量之差额. 于是 B_1 分成 B_1' 和 B_1'', 其销量分别为 8 和 4; B_4 亦分成 B_4' 和 B_4'', 其销量分别为 6 和 8. 由此可得到一个如表 4.7 所示的平衡运输问题, 它含有 4 个发点和 6 个收点.

为了看看这个问题的最优解究竟是什么形式, 我们写出该问题的求解过程. 用最小元素法求出初始解, 如表 4.7 所示. 此解对应的位势亦填在表中. 在计算检验数时, 首先发现 $\sigma_{21} = 2 > 0$. 但若取 x_{21} 入基, 则出基变量为 x_{11}, 而调整量 $\theta = 0$. 故未取 x_{21} 入基. 继续算检验数时, 发现 $\sigma_{34} = 1 > 0$, 作出闭回路(如表 4.7 中虚线所示)后, 知出基变量为 x_{16}, 而 $\theta = 4$. 调整后的解如表 4.8 所示.

表 4.7

	B_1'	B_1''	B_2	B_3	B_4'	B_4''	
	8	8	4	5	5	5	
A_1	①		③		⑥	④	13
0	8	8	4	10	5	5	
A_2			⑩				10
-1	5	5	3	7	10	10	
A_3	⑧	④		+			12
1	9	9	12	5	M	M	
A_4				⑧		④	12
-5	M	0	M	0	M	0	
	8	4	13	8	6	8	47

表 4.8

	B_1'	B_1''	B_2	B_3	B_4'	B_4''	
	8	8	4	4	5	4	
A_1	④		③		⑥		13
0	8	8	4	10	5	5	
A_2	+		⑩				10
-1	5	5	3	7	10	10	
A_3	④	④		④			12
1	9	9	12	5	M	M	
A_4				④		⑧	12
-4	M	0	M	0	M	0	
	8	4	13	8	6	8	47

表 4.8 中检验数 $\sigma_{21} = 2 > 0$，故 x_{21} 入基．易知 x_{11} 为出基变量，$\theta = 4$，调整后的解如表 4.9 所示．

表 4.9 中还有正检验数 $\sigma_{42} = 4 > 0$，故需要再调整，调整后的解如表 4.10 所示．

经过计算，知表 4.10 中一切检验数 $\sigma_{ij} \leqslant 0$，故已得最优解．最优调运方案为：A_1 调 7 吨给 B_2，调 6 吨给 B_4；A_2 调 4 吨给 B_1，调 6 吨给 B_2；A_3 调 4 吨给 B_1，调 8 吨给 B_3；总运费为

$$z = 4 \times 7 + 5 \times 6 + 5 \times 4 + 3 \times 6 + 9 \times 4 + 5 \times 8$$
$$= 172 \text{（百元）}.$$

表 4.9

	B'_1 6	B''_1 6	B_2 4	B_3 2	B'_4 5	B''_4 2	
A_1 0	8	8	⑦ 4	10	⑥ 5	5	13
A_2 -1	④ 5	5	⑥ 3	7	10	10	10
A_3 3	④ 9	9	④ 12	④ 5	M	M	12
A_4 -2	M	0	M	④ 0	M	⑧ 0	12
	8	4	13	8	6	8	

表 4.10

	B'_1 6	B''_1 2	B_2 4	B_3 2	B'_4 5	B''_4 2	
A_1 0	-2 8	-6 8	⑦ 4	-8 10	⑥ 5	-3 5	13
A_2 -1	④ 5	-4 5	⑥ 3	-6 7	-6 10	-9 10	10
A_3 3	④ 9	-4 9	-5 12	⑧ 5	-M M	-M M	12
A_4 -2	-M M	④ 0	-M M	⓪ 0	-M M	⑧ 0	12
	8	4	13	8	6	8	

四、习题解答

（以下各题均只建立模型，不求解．）

1． 某厂利用原材料 A 和 B 制造三种型号的产品（Ⅰ，Ⅱ 和 Ⅲ）．每件产品对资源的消耗量、现有资源量、利润和需求量的情况如表 4.11 所示．由于产品是配套使用，故要求 3 种型号件数之比为 $3:2:5$．问应如何安排生产计划才能使获利最大？列出 LP 模型．

解 设生产 Ⅰ，Ⅱ，Ⅲ 型 3 种产品的件数分别为 x_1, x_2, x_3，则有下述模型：

表 4.11

单位料耗 产品 原材料	I	II	III	资源拥有量/单位
A	2	3	5	4 000
B	4	2	7	6 000
利润/(元/件)	30	20	50	
最低需求量/件	200	200	150	

$$\begin{aligned}
\max \quad & z = 30x_1 + 20x_2 + 50x_3, \\
\text{s.t.} \quad & 2x_1 + 3x_2 + 5x_3 \leqslant 4\,000, \\
& 4x_1 + 2x_2 + 7x_3 \leqslant 6\,000, \\
& x_1 \geqslant 200, \quad x_2 \geqslant 200, \quad x_3 \geqslant 150, \\
& x_1 : x_2 : x_3 = 3 : 2 : 5, \\
& x_1, x_2, x_3 \geqslant 0.
\end{aligned}$$

2. 某企业准备将100万元投资于项目 A 和 B. 项目 A 保证每1元投资一年后可获利0.7元. 项目 B 保证每1元投资两年后可获利2元,但投资时期必须是两年的倍数. 该企业希望第三年年底收入最多. 问应怎样投资? 试建立这一问题的 LP 模型.

解 设项目 i 在第 j 年初投资 x_{ij} 万元 ($i=1,2$ 分别对应于项目 A 和 B,$j=1,2,3,4$), 列表如表 4.12.

表 4.12

项目	第一年		第二年		第三年	
	初	末	初	末	初	末
A	x_{11}	$1.7x_{11}$	x_{12}	$1.7x_{12}$	x_{13}	$1.7x_{13}$
B	x_{21}		x_{22}	$3x_{21}$		x_{22}

由表 4.12 可写出下述模型:

$$\begin{aligned}
\max \quad & z = 1.7x_{13} + 3x_{22}, \\
\text{s.t.} \quad & x_{11} + x_{21} = 100, \\
& x_{12} + x_{22} = 1.7x_{11}, \\
& x_{13} = 1.7x_{12} + 3x_{21}, \\
& x_{ij} \geqslant 0 \quad (i=1,2;\ j=1,2,3,4).
\end{aligned}$$

3. 某公司生产的订书机由底座、夹头、把手3个主要部件组成. 以前这些部件全由公司自己制造. 现在因预测到下一季度市场需求 5 000 台订书机,该公司对是否有生产能力全部自制这么多部件尚无把握,准备向当地另一家公司购买部分部件. 该公司自制每种部件的工时消耗及下季度可用工时量如表 4.13 所示. 会计部门考虑了公司的杂项开支、材料费和劳动成本后,确定了各部件的制造费用. 另一家公司也报来了部件的购买价格. 这些数据如表 4.14 所示. 现问:

(1) 如何确定以最低成本满足 5 000 台需求量的自制或外购决策?每种部件应自制多少?外购多少?

(2) 哪些部门限制了生产量?如果加班费为每小时 3 元,那么哪些部门应安排加班?为什么?

(3) 假设部门 A 的加班时间最多为 80 小时,你的建议如何?

表 4.13

部门	底座/小时	夹头/小时	把手/小时	部门可用工时数/小时
A	0.03	0.02	0.05	400
B	0.04	0.02	0.04	400
C	0.02	0.03	0.01	400

表 4.14

部件	自制价格/(元/件)	购买价格/(元/件)
底座	0.75	0.95
夹头	0.40	0.55
把手	1.10	1.40

解 设部门 i 自制零件 j 的件数为 x_{ij},外购此种零件的件数为 x_j 件,则有

$$\min \quad z = 0.75(x_{11}+x_{21}+x_{31}) + 0.4(x_{12}+x_{22}+x_{32})$$
$$+ 1.1(x_{13}+x_{23}+x_{33}) + 0.95x_1 + 0.55x_2 + 1.4x_3,$$

$$\text{s.t.} \quad 0.03x_{11} + 0.02x_{12} + 0.05x_{13} \leqslant 400,$$
$$0.04x_{21} + 0.02x_{22} + 0.04x_{23} \leqslant 400,$$
$$0.02x_{31} + 0.03x_{32} + 0.01x_{33} \leqslant 400,$$
$$x_{11} + x_{21} + x_{31} + x_1 = 500,$$
$$x_{12} + x_{22} + x_{32} + x_2 = 500,$$
$$x_{13} + x_{23} + x_{33} + x_3 = 500,$$

$$x_{ij} \geqslant 0 \quad (i=1,2; j=1,2,3,4).$$

4. 某医药公司生产的胶囊药物需要检验员用肉眼进行检查,看有没有破裂的或未装满的胶囊. 该公司有 3 个检验员 A,B 和 C. 他们检验的速度不完全相同,从而公司付给他们的工资也略有差别. 有关数据见表 4.15. 公司每天在 8 小时工作中,至少要求检验 2 000 个胶囊,检验差错率不得超过 2%. 同时由于检验工作对眼力消耗大,每人每天最多能工作 4 小时. 现问:如果希望检验成本最小,那么每个检验员在 8 小时工作日中应工作多少小时?公司每天应检验多少胶囊?总费用是多少?

表 4.15

检验员	速度/(单位/小时)	精　度	工资/(元/小时)
A	300	98%	2.95
B	200	99%	2.60
C	350	96%	2.75

解 设检验员 A,B,C 每天分别工作 x_1,x_2,x_3 小时,则有下述模型:

$$\min \quad z = 2.95x_1 + 2.6x_2 + 2.75x_3,$$
$$\text{s.t.} \quad 300x_1 + 200x_2 + 350x_3 \geqslant 2\,000,$$
$$\frac{300x_1 \cdot 2\% + 200x_2 \cdot 1\% + 350x_3 \cdot 4\%}{300x_1 + 200x_2 + 350x_3} \leqslant 2\%,$$
$$0 \leqslant x_1, x_2, x_3 \leqslant 4.$$

5. 有个农场有耕田 100 亩,劳力 1 500 个工时,资金 15 000 元,准备种植绿豆、黄豆等作物. 各种作物每亩的工时消耗和费用见表 4.16. 表 4.16 中的其他费用包括肥料、农药、种子等开支. 又各种农机的费用为每小时 3 元,劳力的费用为每小时 2 元. 假定不种庄稼的土地要种上绿肥,其费用为每亩 50 元. 试作出一线性规划,以确定计划期内的最优种植方案.

表 4.16

农作物	劳力/小时	农机/小时	其他费用/元	毛收入/元
绿豆	50	15	100	280
黄豆	30	30	90	310
玉米	10	5	40	90
扁豆	40	15	100	325
大麦	30	20	50	200

解 设农场种植绿豆、黄豆、玉米、扁豆、大麦、绿肥的亩数分别为 x_1,

x_2, x_3, x_4, x_5, x_6,则有下述模型:

$$\max\ z = (280 - 100 - 15 \times 3 - 50 \times 2)x_1$$
$$+ (310 - 90 - 30 \times 3 - 30 \times 2)x_2$$
$$+ (90 - 45 - 5 \times 3 - 10 \times 2)x_3$$
$$+ (325 - 100 - 15 \times 3 - 40 \times 2)x_4$$
$$+ (200 - 50 - 20 \times 3 - 30 \times 2)x_5 - 50x_6,$$

s.t. $x_1 + x_2 + x_3 + x_4 + x_5 + x_6 = 100,$
$50x_1 + 30x_2 + 10x_3 + 40x_4 + 30x_5 \leqslant 1\,500,$
$(2 \times 50 + 3 \times 15 + 100)x_1$
$+ (2 \times 30 + 3 \times 30 + 90)x_2 + \cdots$
$+ (2 \times 30 + 3 \times 20 + 50)x_5 + 50x_6 \leqslant 15\,000,$
$x_1, x_2, \cdots, x_6 \geqslant 0.$

6. 某厂接到一份订货单,要求 7,8,9 三个月供应产品的数量分别为 $1\,200, 3\,600, 2\,400$ 件. 该厂每月的正常生产能力是 $1\,920$ 件,加班生产能力是 $1\,320$ 件. 前者的成本是每件 4.8 元,后者是每件 6.0 元. 每月的存储费为每件 2.4 元. 假定开始时没有库存,希望在 9 月末也无库存. 试建立使 3 个月内生产费用和存储费用总和为最小的 LP 模型.

解 设该厂正常生产在第 j 份的产量为 x_{1j},加班生产在第 j 月份的产量为 x_{2j}, s_j 为第 j 月份底的储存量($j=1,2,3$ 分别对应于 7,8,9 月),并制表如表 4.17 所示.

表 4.17

	7月	8月	9月	费用/(元/件)
正常	x_{11}	x_{12}	x_{13}	4.8
加班	x_{21}	x_{22}	x_{23}	6.0
储存	s_1	s_2	s_3	2.4
需求	1 200	3 600	2 400	

由表 4.17 可写出下述模型(显然 s_3 应为 0):

$$\min\ z = 4.8(x_{11} + x_{12} + x_{13}) + 6(x_{21} + x_{22} + x_{23})$$
$$+ 2.4\left(s_1 + s_2 + \frac{x_{13}}{2} + \frac{x_{23}}{2}\right),$$

s.t. $x_{11} + x_{21} - s_1 = 1\,200,$
$s_1 + x_{12} + x_{22} - s_2 = 3\,600,$
$s_2 + x_{13} + x_{23} = 2\,400,$

$$x_{1j} \leqslant 1\,920, \quad j = 1,2,3,$$
$$x_{ij} \geqslant 0, \quad i = 1,2; j = 1,2,3,$$
$$s_j \geqslant 0, \quad j = 1,2.$$

7. 某制造公司有 5 个工厂 A_1, A_2, A_3, A_4, A_5，都可以生产 4 种产品 B_1, B_2, B_3, B_4．有关的生产数据及获利情况如表 4.18 所示．该公司销售部根据市场需求情况规定：B_1 的产量不能多于 200 件；B_2 的产量最多为 650 件；B_3 的产量最少为 300 件，最多为 700 件；B_4 的产量最少为 500 件，无论生产多少都可卖出．试作一线性规划，以求得使总利润最大的生产计划．

表 4.18

产品	所需工时 / 小时					利润 /(元 / 件)
	A_1	A_2	A_3	A_4	A_5	
B_1	3	6	4	—	4	20
B_2	7	4	5	—	7	15
B_3	5	3	4	9	—	17
B_4	9	—	6	5	5	12
可用工时 / 小时	1 500	1 800	1 100	1 400	1 300	

解 设工厂 A_i 生产产品 B_j 的件数为 $x_{ij}(i=1,2,3; j=1,2,3,4)$，则得
$$\max \quad z = 20(x_{11} + x_{21} + x_{31} + x_{51})$$
$$+ 15(x_{12} + x_{22} + x_{32} + x_{52})$$
$$+ 17(x_{13} + x_{23} + x_{33} + x_{43})$$
$$+ 12(14 + x_{34} + x_{44} + x_{54}),$$
$$\text{s. t.} \quad 3x_{11} + 7x_{12} + 5x_{13} + 9x_{14} \leqslant 1\,500,$$
$$6x_{21} + 4x_{22} + 3x_{23} \leqslant 1\,800,$$
$$4x_{31} + 5x_{32} + 4x_{33} + 6x_{34} \leqslant 1\,100,$$
$$9x_{43} + 5x_{44} \leqslant 1\,400,$$
$$4x_{51} + 7x_{52} + 5x_{54} \leqslant 1\,300,$$
$$x_{11} + x_{21} + x_{31} + x_{51} \leqslant 200,$$
$$x_{12} + x_{22} + x_{32} + x_{52} \leqslant 650,$$
$$300 \leqslant x_{13} + x_{23} + x_{33} + x_{43} \leqslant 700,$$
$$x_{14} + x_{34} + x_{44} + x_{54} \leqslant 500,$$
$$x_{ij} \geqslant 0 \quad (i=1,2,3,4,5; j=1,2,3,4).$$

五、新增习题

1. 新明养鸡场养了 1 000 只鸡,用大豆和谷物作成一种混合饲料进行喂养. 每只鸡平均每天要吃混合饲料 0.5 公斤. 其中要求至少含有蛋白质 0.1 公斤和钙 0.002 公斤. 已知每公斤大豆中含有蛋白质 0.5 公斤和钙 0.005 公斤,其价格是每公斤 3 元. 而每公斤谷物含有蛋白质 0.1 公斤和钙 0.004 公斤,其价格是每公斤 0.8 元. 新明养鸡场因运力紧张,故每周只能去购买一次饲料. 该鸡场每周应采购大豆和谷物各多少斤,才能使喂养成本最低?

2. 某省粮食厅根据今年各地粮食的生产情况和需求情况,决定从 A_1,A_2 和 A_3 三个产粮县调运一些粮食到 B_1,B_2,B_3 和 B_4 四个城市,各县所能供应的粮食数量和各城市对粮食的需求量如表 4.19 所示. 但需注意,各城市对粮食的需求有一个最低数量和一个最高数量. 从每个产地到每个销地运粮的单位运价(元/吨)也填在表 4.19 中. 试为该省粮食厅作出使总运费最省的调运方案.

表 4.19   运价单位:元/吨

	B_1	B_2	B_3	B_4	产量/吨
A_1	60	30	120	60	100
A_2	40	30	90	—	120
A_3	90	100	130	100	100
最低需求/吨	60	140	0	50	
最高需求/吨	100	140	60	不限	

3. 中山百货商场正在制定用人计划. 该商场每周营业 7 天,但每天需要售货员数量不同. 根据对过去经营资料的统计分析,商场领导提出了每天需要的最少销售员人数,如表 4.20 所示. 商场规定每个售货员每周内连续上班 5 天,然后连续休息 2 天. 现问为满足服务需要,商场每周至少应聘用多少售货员?

表 4.20

时间	星期天	星期一	星期二	星期三	星期四	星期五	星期六
所需最低人数	25	18	16	17	15	22	28

新增习题答案

1. 设该鸡场每周应购买大豆和谷物的数量分别为 x_1 公斤和 x_2 公斤. 1 000 只鸡一周内对混合饲料的需求量为 $0.5 \times 1\,000 \times 7$, 一周内购买的饲料量满足这一需求, 故有
$$x_1 + x_2 = 0.5 \times 1\,000 \times 7.$$
分析鸡群对蛋白质的需求, 可得
$$0.5x_1 + 0.1x_2 \geqslant 0.1 \times 1\,000 \times 7.$$
分析鸡群对钙的需求, 可得
$$0.005x_1 + 0.004x_1 \geqslant 0.002 \times 1\,000 \times 7.$$
将上述各式加以整理, 再加入目标函数和非负条件, 便可得下述数学模型:

$$\begin{aligned}
\min \quad & z = 3x_1 + 0.8x_2, \\
\text{s.t.} \quad & x_1 + x_2 = 3\,500, \\
& 5x_1 + x_2 \geqslant 7\,000, \\
& 5x_1 + 4x_2 \geqslant 14\,000, \\
& x_1, x_2 \geqslant 0.
\end{aligned}$$

2. 把 B_1 分成 B_1' 和 B_1'', B_4 分成 B_4' 和 B_4'', 得表 4.21, 最优表如表 4.22 所示.

表 4.21

	B_1'	B_1''	B_2	B_3	B_4'	B_4''	
A_1	60	60	30	120	60	60	100
A_2	40	40	30	90	M	M	120
A_3	90	90	100	130	100	100	100
A_4	M	0	M	0	M	100	100
	60	40	140	60	50	70	

表 4.22

	B_1'	B_1''	B_2	B_3	B_4'	B_4''	
A_1			80			20	100
A_2	60		80				120
A_3					50	50	100
A_4		40		60		0	100
	60	40	140	60	50	70	

又表 4.22 知，最优调运方案为：A_1 调给 B_2 80 吨，调给 B_4 20 吨；A_2 调给 B_1 60 吨，调给 B_2 60 吨；A_3 调给 B_4 100 吨. 总的运费为
$$z = 30 \times 80 + 60 \times 20 + 40 \times 60 + 30 \times 60 + 100 \times 100$$
$$= 17\ 800\ (元).$$

3. 设星期一开始上班的售货员人数为 x_1，星期二开始上班的人数为 x_2 …… 星期天开始上班的人数为 x_7，则一周内所需总人数为 $z = \sum_{j=1}^{7} x_j$. 我们的目标当然是求 min z.

现分析星期一上班的人数. 显然除了星期二和星期三开始上班的人外，其余的人都应在星期一上班. 这一天需要 18 人，故有
$$x_1 + x_4 + x_5 + x_6 + x_7 \geqslant 18.$$
类似地分析，可得其他一些不等式：
$$x_1 + x_2 + x_5 + x_6 + x_7 \geqslant 16,$$
$$x_1 + x_2 + x_3 + x_6 + x_7 \geqslant 17,$$
$$x_1 + x_2 + x_3 + x_4 + x_7 \geqslant 15,$$
$$x_1 + x_2 + x_3 + x_4 + x_5 \geqslant 22,$$
$$x_2 + x_3 + x_4 + x_5 + x_6 \geqslant 28,$$
$$x_3 + x_4 + x_5 + x_6 + x_7 \geqslant 25.$$

最后还有约束：
$$x_1, x_2, \cdots, x_7 \geqslant 0, 为整数.$$

第 五 章
目 标 规 划

一、基 本 要 求

1. 了解目标规划问题(GP)和线性规划问题的差别.

2. 对于比较简单的实际 GP 问题，会建立其相应的目标规划模型.

3. 对有相同等级的 GP 问题，有优先等级的 GP 问题和有赋权的优先等级的 GP 问题，都会求解.

二、内 容 说 明

1. 目标规划处理的是多目标决策问题，这类问题的整体目标不是实现一个系统的利润最大化或成本最小化，而是从总体上使各个目标都达到比较满意的结果. 管理者对于各个目标常常提出一个数量指标作为目标值，希望能尽量实现. 但规划的结果，这个目标值不一定能实现，即规划值和目标值之间会有一定的偏差. 管理者追求的总体目标就是使这些偏差的总量达到最小.

2. 目标规划中的约束分为两类. 一类是带强制性的，必须满足的约束，它们如同线形规划中的约束一样，这些约束称为硬约束. 另一类则是针对每个具体目标要实现的目标值建立起来的约束，其中都会有偏差变量，这些约束称为目标约束.

3. 从目标规划的数学模型可以看出，它实际上仍是线性规划模型，只不过其目标函数的系数中会有一些优先因子 P_1, P_2 等. 模型中虽未给出这些优先因子的具体数值，但告诉我们，P_1 远远大于 P_2，而 P_2 又远远大于 P_3，如此等等. 总之，目标函数仍然是变量和常数的线性组合.

基于上述理由，我们仍然是用单纯形法来求解目标规划问题，但具体形式要复杂一些. 在目标规划的目标函数中，包含有一些优先因子 P_1, P_2 等，它们表示各个目标有不同的级别，而 P_1 级目标是最重要的，必须首先保证尽量实现. 正因为如此, 在 GP 中, 目标函数行通常不是一行, 而是设计成若干行, 有 N 个优先因子, 就有 N 行. 这一点比线性规划的解法要复杂一些.

三、新增例题

例1 天龙电气公司近几年来经营领域不断扩大. 为适应工作需要, 拟于今年下半年招聘一些新的员工. 同时, 由于企业经济有较大提高, 准备给员工提级加薪. 该公司员工的工资分为四级, 每级的月工资数量, 各个工资级别的现有人数及计划提级后人数, 均列于表 5.1 中. 提级后人数是计划编制数, 允许有些伸缩. 另外, 在现有 1 级员工人数中有 10% 要退休.

表 5.1

工资级别	1	2	3	4
月工薪/百元	75	55	38	28
现有人数	10	25	50	40
提级后人数	14	30	65	45

为搞好这次提级加薪, 公司领导提出, 希望能达到如下 3 个目标:

(1) 提级后在职员工的月工资总额不超过 6 500 百元;

(2) 提级后, 各级员工数不超过上述计划编制数, 以保持各级人数之间的合理比例;

(3) 为调动职工积极性, 各级员工的升级面应占现有人数的 20% 以上.

公司并认为, 上述 3 个目标不是同等重要的, 第一个目标最重要, 要尽力优先保证; 第二个目标次之, 第三个目标更次之. 试为该公司下半年的提级加薪提出一个满意的方案, 使之尽量实现上述各项目标.

解 根据公司提出的三项目标具有不同的重要性, 可设它们分别具有优先因子 P_1, P_2 和 P_3.

从公司领导方面了解到, 在这次提级中, 公司实际上还有一项规定, 即只逐级提升, 而不允许越级提升. 比如某人拟提升到 1 级, 则其原有工资级别必须是 2 级, 而不能是 3 级或 4 级. 这一点对下面建立模型时是重要的.

设 x_1, x_2 和 x_3 分别是(从 2 级)提升到 1 级、(从 3 级)提升到 2 级和(从 4 级)提升到 3 级的员工人数, 设 x_4 是新招聘的员工人数.

现计算提级后各级的人数.

1级人数：原有10人；退休10%，即1人，应减去；新提级x_1人，应加上．故提级后，1级的人数为$10-1+x_1=9+x_1$．

同理可得其余各级人数如下：

2级人数：$25-x_1+x_2$；

3级人数：$50-x_2+x_3$；

4级人数：$40-x_3+x_4$．

由此不难建立下述各项目标约束：

(1) 提级后全公司在职员工的月工资总额不超过6 500百元

$$75(9+x_1)+55(25-x_1+x_2)+38(50-x_2+x_3)$$
$$+28(40-x_3+x_4)+d_1^--d_1^+=6\,500.$$

(2) 提级后各级员工人数不要超过计划编制数

1级：$9+x_1+d_2^--d_2^+=14$；

2级：$25-x_1+x_2+d_3^--d_3^+=30$；

3级：$50-x_2+x_3+d_4^--d_4^+=65$；

4级：$40-x_3+x_4+d_5^--d_5^+=45$．

(3) 各级员工的升级面应占现有员工数的20%以上

2级：$x_1+d_6^--d_6^+=30\times 20\%$；

3级：$x_2+d_7^--d_7^+=65\times 20\%$；

4级：$x_3+d_8^--d_8^+=45\times 20\%$．

根据各个目标的重要程度，可得目标函数如下：

$$\min\quad z=P_1d_1^++P_2(d_2^++d_3^++d_4^++d_5^+)$$
$$+P_3(d_6^-+d_7^-+d_8^-).$$

将以上各项综合起来，便可得到一个完整的GP模型．

例2 江南糖果厂生产两种高级糖果，我们分别记为Ⅰ型糖果和Ⅱ型糖果．该厂的产品在市场很畅销，生产多少就能销售多少．但该厂的生产受到了两种关键性设备的限制，我们将它们分别记为设备A和设备B．每种糖果生产1吨，对设备的工时消耗及两种设备每天所能提供的工时如表5.2所示，每吨糖果所能提供的利润也填在该表中．

该厂的经理对厂里的生产和销售提出了如下一些要求，希望能尽量实现：

(1) 每日利润最好为65 000元；

(2) 两种设备应充分加以利用；

表 5.2

单位时耗 产品 设备	I	II	每天可用工时数 / 小时
A / 小时	1	3	52
B / 小时	1	1	35
利润 /(百元 / 吨)	15	25	

(3) 如确有必要，两种设备均可加班，但加班时间要力求最少，且设备 A 的加班工时控制更严，其严格程度是设备 B 的加班工时的 3 倍.

工厂经理认为，上述三项目标中，第一个最重要，为 P_1 级；第二个次之，为 P_2 级；第三个最次，为 P_3 级.

试用目标规划的方法为该厂的生产安排提出一个满意的方案，使之尽量实现上述各项目标.

解 设 I，II 型糖果每天分别生产 x_1 吨和 x_2 吨，则可建立如下的目标约束及对总体目标的相应要求：

(1) 实现利润的目标为 750 百元，
$$15x_1 + 25x_2 + d_1^- - d_1^+ = 750,$$
因为希望利润最好就为 750，故要求 $\min\{d_1^- + d_1^+\}$.

(2) 使设备获得充分利用，
$$x_1 + 3x_2 + d_2^- - d_2^+ = 52,$$
$$x_1 + x_2 + d_3^- - d_3^+ = 35.$$
所谓充分利用就是希望对每种设备在一天内所能提供的工时数要尽量用足，不要使设备在规定工作时间内有空闲，故要求 $\min\{d_2^- + d_3^-\}$.

(3) 对加班要严加控制，尽量减少，且设备 A 的严格程度为设备 B 的 3 倍. 加班时间由 d_2^+ 和 d_3^+ 来体现，故有 $\min\{3d_2^+ + d_3^+\}$.

再加上考虑到各个目标的优先等级，我们便不难得到下述目标规划模型：
$$\min\ z = P_1(d_1^- + d_1^+) + P_2(d_2^- + d_3^-) + P_3(3d_2^+ + d_3^+),$$
$$\text{s.t.}\ \ 15x_1 + 25x_2 + d_1^- - d_1^+ = 650,$$
$$x_1 + 3x_2 + d_2^- - d_2^+ = 52,$$
$$x_1 + x_2 + d_3^- - d_3^+ = 35,$$
$$x_1, x_2, d_i^-, d_i^+ \geqslant 0\ \ (i = 1,2,3).$$

求解此问题的初始表如表 5.3 所示.

表 5.3

		x_1	x_2	d_1^-	d_2^-	d_3^-	d_1^+	d_2^+	d_3^+	右端	比值
（Ⅰ）	P_1			-1			-1				
	P_2				-1	-1					
	P_3					-3			-1		
（Ⅱ）	P_1	15	25				-1				
	P_2	2	4					-1			
	P_3					-3			-1		
（Ⅲ）	d_1^-	15	25	1			-1			650	130/3
	d_2^-	1	3		1			-1		52	52
	d_3^-	①	1			1			-1	35	35

表 5.3 中（Ⅰ）部分的各数只是将目标函数中各变量的系数反号搬入表中，它还不符合单纯形表的要求，因为其中基变量的系数不为 0。将（Ⅲ）中的 d_1^--行加到（Ⅰ）中 P_1-行上，又将（Ⅲ）中的 d_2^--行和 d_3^--行都加到（Ⅰ）中 P_2-行上，这样得到（Ⅱ），其中，基变量的系数已全部化为 0。由（Ⅱ）和（Ⅲ）就组成了一张初始表。正因为（Ⅰ）中各数只是带有"预备"性质的，它并不是真正的单纯形表中的目标函数行，所以，我们用括号把它括了起来。当得到（Ⅱ）以后，（Ⅰ）的作用也就完成了，后续计算中再不用它了。

初始单纯形表中有两个正检验数，即 $\sigma_1=15$，$\sigma_2=25$，故 x_1 和 x_2 都可作入基变量。但易知选 x_1 入基，计算较简单。此时，d_3^- 出基，主元为 1。

换基后的单纯形表如表 5.4 之（Ⅰ）所示。其中还有两个正检验数 10 和 15。稍加比较后，可知取 d_3^+ 入基较好。此时，d_1^- 出基，主元为 15。

第二次换基后的单纯形表如表 5.4 之（Ⅱ）所示。由该表知，P_1 行的检验数已全部 ≤ 0。这说明 P_1 级目标实现最优。注意，此时 d_1^+ 和 d_1^- 都为非基变量。在相应的基解中，它们的值都为 0。在后续变换中，为了保持 P_1 级目标已达到的最优性，d_1^+ 和 d_1^- 只能永作非基变量，即永远取 0 值。由此，在今后的变换中，可画去 d_1^+-列和 d_1^--列，在表 5.4（Ⅱ）中，有两列打了许多"×"，就表示这个意思。当然 P_1-行也不必再考虑了，故该行也可画去。这样，计算就比较简单了。

在表 5.4（Ⅱ）的 P_2-行中有正检验数 4/3，故还需换基。换基后得表 5.4（Ⅲ）。此时全部检验数已 ≤ 0，故已得结果。

最优解为 $x_1^* = \dfrac{65}{2}$，$x_2^* = \dfrac{13}{2}$，$(d_3^+)^* = 4$，其余变量均取 0 值。

表 5.4

		x_1	x_2	d_1^-	d_2^-	d_3^-	d_1^+	d_2^+	d_3^+	右端	比值
(Ⅰ)	P_1		10	1		−15	−2		15		
	P_2		2		1	−2		−1	1		
	P_3					−1		−3	−1		
	d_1^-		10	1		−15	−1		⑮	125	25/3
	d_2^-		2		1	−1		−1	1	17	17
	x_1	1	1			1			−1	35	—
(Ⅱ)	P_1			−1			−1				
	P_2		4/3	×		−2	×	−1			
	P_3		2/3	×		−2	×	−3			
	d_3^+		2/3	×		−1	×		1	25/3	25/2
	d_2^-		④/3	×	1		×	−1		26/3	13/2
	x_1	1	5/3	×			×			130/3	26
(Ⅲ)	P_2					−1		−2			
	P_3				−1/2	−2			−5/2		
	d_3^+				−1/2	−1		1/2	1	4	
	x_2		1		3/4			−3/4		13/2	
	x_1	1								65/2	

按此计划组织生产,结果将是:

(1) 因为 $d_1^+ = d_1^- = 0$,故实现日利润 65 000 元的目标(第一级目标)将完全达到;

(2) 因为 $d_2^- = d_3^- = 0$,故两种设备都已获得充分利用;

(3) 因为 $d_2^+ = 0$,所以对加班控制更严的设备就不需加班. $d_3^+ = 4$,设备 B 每天加班也只有 4 小时.

四、习 题 解 答

1. 用单纯形法求解下述目标规划问题:

(1) $\min \quad z = P_1 d_1^- + P_2 d_3^- + P_3 d_2^- + P_4(d_1^+ + d_2^+)$,

s. t. $2x_1 + x_2 + d_1^- - d_1^+ = 20$,

$x_1 + d_2^- - d_2^+ = 12$,

$x_2 + d_3^- - d_3^+ = 10$,

$x_1, x_2, d_i^-, d_i^+ \geqslant 0 \quad (i = 1, 2, 3)$;

(2) $\min \quad z = P_1 d_1^- + P_2 d_4^+ + P_3(5d_2^- + 3d_3^-) + P_4 d_1^+$,

s.t. $x_1 + x_2 + d_1^- - d_1^+ = 80$,

$x_1 + d_2^- - d_2^+ = 70$,

$x_2 + d_3^- - d_3^+ = 45$,

$d_1^+ + d_4^- - d_4^+ = 10$,

$x_1, x_2, d_i^-, d_i^+ \geqslant 0 \quad (i = 1, 2, 3, 4)$;

(3) $\min \quad z = P_1(d_1^+ + d_2^+) + P_2 d_3^- + P_3 d_4^+$,

s.t. $x_1 + 2x_2 + d_1^- - d_1^+ = 4$,

$4x_1 + 3x_2 + d_2^- - d_2^+ = 12$,

$x_1 + x_2 + d_3^- - d_3^+ = 8$,

$x_1 + d_4^- - d_4^+ = 2$,

$x_1, x_2, d_i^-, d_i^+ \geqslant 0 \quad (i = 1, 2, 3, 4)$.

解 (1) 求解过程如表 5.5 所示.

表 5.5

	x_1	x_2	d_1^-	d_2^-	d_3^-	d_1^+	d_2^+	d_3^+	右端
P_1			-1						
P_2							-1		
P_3				-1					
P_4						-1		-1	
P_1	2↓	1				-1			
P_2		1					-1		
P_3	1							-1	
P_4						-1		-1	
←d_1^-	②	1	1			-1			20
d_2^-	1						-1		12
d_3^-		1			1			-1	10
P_1		-1							
P_2		1↓					-1		
P_3	$-1/2$	$-1/2$				$1/2$	-1		
P_4						-1		-1	
x_1	1	$1/2$	×			$-1/2$			10
d_2^-		$-1/2$	×	1		$1/2$	-1		2
←d_3^-		①			1			-1	10

续表

	x_1	x_2	d_1^-	d_2^-	d_3^-	d_1^+	d_2^+	d_3^+	右端
P_2					-1				
P_3			×		×	1/2↓	-1	$-1/2$	
P_4			×		×		-1	-1	
x_1	1		×		×	$-1/2$		$1/2$	5
← d_2^-			×	1	×	⑴/2	-1	$-1/2$	7
x_2		1	×		×				10
P_3			×						
P_4			×				-3	-1	
x_1	1			×	×		×	×	12
d_1^+				2	×	1	-2	-1	14
x_2		1		×	×		×	×	10

由表5.5的最后一张表可知,满意解为 $x_1 = 12, x_2 = 10, d_1^+ = 14$,其余变量 $= 0$.

(2) 略.

(3) 略.

2. 某厂利用两条生产线生产电饭锅.生产线 A 的工人技术比较熟练,平均每小时可生产3只,而生产线 B 的工人经验较少,平均每小时只能生产2只.下周内正常的工作时间,每条生产线都是40小时.生产部门的经理对下周生产提出了如下目标及其优先级别:

P_1 级:生产228只电饭锅;

P_2 级:生产线 A 的加班时间最多为5小时;

P_3 级:充分利用两条生产线的正常工作时间(按它们的生产效率赋予不同的权);

P_4 级:限制两条生产线的加班时间的总和(按它们的生产效率赋予不同的权).

试建立这一问题的目标规划模型并求解之(允许取小数值).

解 设下周内生产线 A 和 B 分别工作 x_1 小时和 x_2 小时,则有下述GP模型:

$$\min \quad z = P_1(d_1^- + d_2^+) + P_2 d_4^+ + P_3(3d_2^- + 2d_3^-)$$
$$+ P_4(3d_2^+ + 2d_2^+)$$

s.t. $3x_1 + 2x_2 + d_1^- - d_1^+ = 228,$

$x_1 \quad\quad + d_2^- - d_2^+ = 40,$

$x_2 + d_3^- - d_3^+ = 40,$

$d_2^+ + d_4^- - d_4^+ = 5,$

$x_1, x_2, d_i^-, d_i^+ \geq 0 \quad (i=1,2,3,4).$

求解过程如表 5.6 所示.

表 5.6

		x_1	x_2	d_1^-	d_2^-	d_3^-	d_4^-	d_1^+	d_2^+	d_3^+	d_4^+	右端
	P_1			−1				−1				
	P_2										−1	
	P_3					−3	−2					
	P_4									−3	−2	
(Ⅰ)	P_1	3↓	2						−2			
	P_2										−1	
	P_3	3	2						−3	−2		
	P_4								−3	−2		
	d_1^-	3	2	1				−1				228
←	d_2^-	①			1				−1			40
	d_3^-		1			1				−1		40
	d_4^-						1		1		−1	5
(Ⅱ)	P_1		2↓		−3			−2	3			
	P_2										−1	
	P_3		2		−3					−2		
	P_4									−3	−2	
	d_1^-		2	1	−3			−1	3			108
	x_1	1			1				−1			40
←	d_3^-		1			1				−1		40
	d_4^-		①				1		1		−1	5
(Ⅲ)	P_1				−3	−2		−2	3↓	2		
	P_2										−1	
	P_3				−3	−2						
	P_4									−3	−2	
	d_1^-			1	−3	−2		−1	3	2		28
	x_1	1			1				−1			40
	x_2		1			1				−1		40
←	d_4^-						1		①		−1	5

续表

	x_1	x_2	d_1^-	d_2^-	d_3^-	d_4^-	d_1^+	d_2^+	d_3^+	d_4^+	右端
P_1				-3	-2	-3	-2		$2\downarrow$		
P_2										-1	
P_3				-3	-2						
P_4						3			-2		
(Ⅳ) ← d_1^-			1	-3	-2	-3	-1		②		13
x_1	1			1							45
x_2		1			1				-1		40
d_2^+								1			5
P_1			-1								
P_2									-1		
P_3			$\times$	-3	-2	$\times$					
P_4			$\times$	-3	-2	$\times$					
(Ⅴ) d_3^+			$1/2$	$-3/2$	-1	$-3/2$	$-1/2$		1		6.5
x_1	1			1							45
x_2		1		$\times$	$\times$	$\times$	$\times$				46.5
d_2^+								1		-1	5

由表 5.6 之(Ⅴ)可知,所得满意解为 $x_1 = 45$,$x_2 = 46.5$,$d_2^+ = 5$,$d_3^+ = 6.5$,其余变量 $= 0$. 实际结果是

(1) 生产电饭锅 $3 \times 45 + 2 \times 46.5 = 228$(只);

(2) 由于 $d_2^- = d_3^- = 0$,两条生产线已得到完全利用;

(3) 生产线 A 加班 5 小时,生产线 B 加班 6.5 小时.

3. 红星机械厂利用三种资源生产 A 和 B 两种产品. 每种产品对资源的单位消耗及单位利润如表 5.7 所示. 该厂经理提出了下述目标及其优先级别:

P_1:至少生产 7 件 A 产品和 10 件 B 产品;

P_2:避免原材料用量超过 95 公斤,劳动工时超过 125 小时和设备工时超过 110 小时;

P_3:实现利润 550 百元.

试利用目标规划为该厂制定一个满意的生产计划.

表 5.7

	原材料/公斤	劳动力/小时	设备/小时	利润/百元
产品 A	7	3	6	30
产品 B	5	5	4	25

解 设产品 A 和 B 的产量分别为 x_1 单位和 x_2 单位，则可得下述 GP 模型：

$$\min \ z = P_1(d_1^- + d_2^-) + P_2(d_3^+ + d_4^+ + d_5^+) + P_3(d_6^- + d_6^+),$$

$$\text{s. t.} \quad x_1 \qquad\quad + d_1^- - d_1^+ = 7,$$

$$x_2 + d_2^- - d_2^+ = 10,$$

$$7x_1 + 5x_2 + d_3^- - d_3^+ = 95,$$

$$3x_1 + 5x_2 + d_4^- - d_4^+ = 125,$$

$$6x_1 + 4x_2 + d_5^- - d_5^+ = 110,$$

$$30x_1 + 25x_2 + d_6^- - d_6^+ = 550,$$

$$x_1, x_2, d_i^-, d_i^+ \geqslant 0 \quad (i = 1, 2, \cdots, 6).$$

求解过程如表 5.8 之（Ⅰ）～（Ⅴ）所示.

表 5.8

		x_1	x_2	d_1^-	d_2^-	d_3^-	d_4^-	d_5^-	d_6^-	d_1^+	d_2^+	d_3^+	d_4^+	d_5^+	d_6^+	右端
	P_1			-1	-1											
	P_2											-1	-1	-1		
	P_3								-1						-1	
(Ⅰ)	P_1	$1\downarrow$	1									-1	-1			
	P_2											-1	-1	-1		
	P_3								-1						-1	
	$\leftarrow d_1^-$	①		1						-1						7
	d_2^-		1		1						-1					10
	d_3^-	7	5			1						-1				95
	d_4^-	3	5				1						-1			125
	d_5^-	6	4					1						-1		110
	d_6^-	30	25						1						-1	550
(Ⅱ)	P_1		$1\downarrow$	-1								-1				
	P_2											-1	-1	-1		
	P_3								-1						-1	
	x_1	1		1						-1						7
	d_2^-		1		1						-1					10
	$\leftarrow d_3^-$		⑤	-7		1				7		-1				46
	d_4^-		5	-3			1			3			-1			104
	d_5^-		4	-6				1		6				-1		68
	d_6^-		25	-30					1	30					-1	340

续表

		x_1	x_2	d_1^-	d_2^-	d_3^-	d_4^-	d_5^-	d_6^-	d_1^+	d_2^+	d_3^+	d_4^+	d_5^+	d_6^+	右端
(Ⅲ)	P_1			$\frac{2}{5}$ ↓		$-\frac{1}{5}$					$-\frac{7}{5}$	-1	$\frac{1}{5}$			
	P_2										-1	-1	-1			
	P_3							-1							-1	
	x_1	1														7
	$←d_2^-$			⑦/⑤	1	$-\frac{1}{5}$					$-\frac{7}{5}$	-1	$\frac{1}{5}$			$\frac{4}{5}$
	x_2		1	$-\frac{7}{5}$		$\frac{1}{5}$					$\frac{7}{5}$		$-\frac{1}{5}$			$9\frac{1}{5}$
	d_4^-			4	-1	1					-4	1	-1			58
	d_5^-			$-\frac{2}{5}$		$-\frac{4}{5}$		1			$\frac{2}{5}$		$\frac{4}{5}$	-1		$31\frac{1}{5}$
	d_6^-			5		-5			1		-5		5		-1	110
(Ⅳ)	P_1				$-\frac{2}{7}$	$-\frac{1}{7}$					-1	$-\frac{5}{7}$	$\frac{1}{7}$ ↓			
	P_2										-1	-1	-1			
	P_3							-1							-1	
	x_1	1														7
	$←d_1^-$				1	$\frac{5}{7}$	$-\frac{1}{7}$				-1	$-\frac{5}{7}$	①/⑦			$\frac{4}{7}$
	x_2		1		1								-1			10
	d_4^-				$-\frac{20}{7}$	$-\frac{3}{7}$	1				$\frac{20}{7}$	$\frac{3}{7}$	-1			$55\frac{5}{7}$
	d_5^-				$\frac{2}{7}$	$-\frac{6}{7}$		1				$\frac{6}{7}$		-1		$31\frac{3}{7}$
	d_6^-				$-\frac{25}{7}$	$\frac{40}{7}$			1		$\frac{25}{7}$	$\frac{30}{7}$			-1	$107\frac{1}{7}$
(Ⅴ)	P_1				-1	-1										
	P_2			×	×	-1					-7	-5		-1	-1	
	P_3							-1							-1	
	x_1	1														7
	d_3^+				7	5	-1				-7	-5	1			4
	x_2		1	×	×						×					10
	d_4^-			×	×		1				×		-1			54
	d_5^-			×	×			1			×			-1		28
	d_6^-			×	×				1		×				-1	90

133

由表 5.8 之(Ⅴ)知，P_1-行中的全部检验数已 $\leqslant 0$，去掉 d_1^--列和 d_2^--列以后，其余检验数已全部 $\leqslant 0$，故已得满意解．

五、新增习题

1. 用单纯形法解下述目标规划问题：

$$\min \quad z = P_1 d_1^- + P_2 d_2^+ + P_3(d_3^- + d_3^+),$$
$$\text{s.t.} \quad 3x_1 + x_2 + x_3 + d_1^- - d_1^+ = 60,$$
$$x_1 - x_2 + 2x_3 + d_2^- - d_2^+ = 10,$$
$$x_1 + x_2 - x_3 + d_3^- - d_3^+ = 20,$$
$$x_i \geqslant 0, \quad d_i^-, d_i^+ \geqslant 0 \quad (i = 1, 2, 3).$$

2. 某彩电组装厂生产 A, B, C 三种电视机．有专门生产线进行装配工作．每装配一台 A, B, C 电视机，需要在生产线上分别工作 6, 8 和 10 小时．生产线每月正常工作的时间为 200 小时，每台彩电的利润分别为 500 元、650 元和 800 元．预计 3 种电视机每月的销量分别为 12 台、10 台和 6 台．该厂提出的经营目标为

P_1 级：每月利润达到 1.6×10^4 元；

P_2 级：充分利用生产能力；

P_3 级：加班时间不超过 24 小时；

P_4 级：产量以预计销量为准．

试建立该问题的目标规划模型(不求解)．

新增习题答案

1. 最终单纯形表如表 5.9 所示．

表 5.9

	x_1	x_2	x_3	d_1^-	d_2^-	d_3^-	d_1^+	d_2^+	d_3^+	右端
P_1				-1						
P_2								-1		
P_3						-1			-1	
x_3			1	1	-1	-2	-1	1	2	10
x_1	1			$-1/2$	1	3/2	1/2	-1	$-3/2$	10
x_2		1		3/2	-2	$-5/2$	$-3/2$	2	5/2	20

2. 设该厂每月生产 A,B,C 三种电视机的台数分别为 x_1,x_2 和 x_3，则 GP 模型为

$$\min \quad z = P_1 d_1^- + P_2 d_2^- + P_3 d_3^+ \\ + P_4(d_4^- + d_4^+ + d_5^- + d_5^+ + d_6^- + d_6^+),$$

$$\text{s.t.} \quad 500x_1 + 650x_2 + 800x_3 + d_1^- - d_1^+ = 1.6 \times 10^4,$$

$$6x_1 + 8x_2 + 10x_3 + d_2^- - d_2^+ = 200,$$

$$d_2^+ + d_3^- - d_3^+ = 24,$$

$$x_1 + d_4^- - d_4^+ = 12,$$

$$x_2 + d_5^- - d_5^+ = 10,$$

$$x_3 + d_6^- - d_6^+ = 6,$$

$$x_1,x_2,x_3 \geqslant 0, \quad d_i^-, d_i^+ \geqslant 0 \ (i=1,2,\cdots,6).$$

第六章
整 数 规 划

一、基本要求

1. 了解为什么要研究整数规划(IP)的两个主要原因.
2. 了解整数规划问题的求解不能归结为线性规划问题的求解，必须建立专门的整数规划理论.
3. 了解分枝定界法和割平面法的基本思想和步骤.
4. 掌握解 0-1 规划的隐枚举法.

二、内容说明

1. 割平面法和分枝定界法都是以线性规划的解法为基础的，二者在具体做法上都是比较麻烦的.
2. 割平面法的主要步骤有：

(1) 作出所给 IP 问题的松弛问题 P_0，用单纯形法解 P_0，得到其最优表 T_0. 设 P_0 的最优解不满足整数性约束.

(2) 求出割平面方程. 当有几个 $\bar{b}_i$ 都取分数值，而题中又要求它们皆为整数时，经验表明，选取分数部分最大的 $\bar{b}_i$ 进行切割，常能较早地得到整数最优解. 纯整数规划的切割方程较为简单，而混合整数规划的切割方程形式要复杂一些，要更加小心.

(3) 将割平面方程加入到表 T_0 中，再用对偶单纯形法求解.

3. 分枝定界法的主要步骤为

(1) 同 2 之(1).

(2) 分枝. 设 P_0 的最优解中，某基变量 x_r 取值为 $[x_r]+x'_r$，x'_r 为小数部分，且大于 0，而题中要求该变量取整数. 于是，将 P_0 按 $x_r \leqslant [x_r]$ 和 $x_r \geqslant [x_r]+1$ 分枝成两个子问题，并解出这两个子问题.

(3) 定界. 设某个子问题有最优解. 若它满足整数性要求，则它对应的

z 值可作为所求 IP 问题目标函数值的一个界(对最大化问题是下界,对最小化问题是上界);否则再分枝. 在不断分枝的过程中,将不断修改界.

(4) 求解 0-1 规划,除教材[1]中所介绍的方法外,还有一种方法,即目标函数试探法也较常用,读者可参看有关的运筹学书籍.

三、新增例题

例 1 用割平面法解下述 IP 问题:
$$\max \quad z = 3x_1 + 2x_2,$$
$$\text{s. t.} \quad 2x_1 + 3x_2 \leqslant 14,$$
$$2x_1 + x_2 \leqslant 9,$$
$$x_1, x_2 \geqslant 0, 为整数.$$

解 令 $z_1 = -z$,并引入松弛变量 x_3 和 x_4,得相应连续型问题或称松弛问题的标准形如下:
$$\min \quad z_1 = -3x_1 - 2x_2,$$
$$\text{s. t.} \quad 2x_1 + 3x_2 + x_3 = 14,$$
$$2x_1 + x_2 + x_4 = 9,$$
$$x_1, x_2, x_3, x_4 \geqslant 0.$$

其最优单纯形表如表 6.1 所示.

表 6.1

	x_1	x_2	x_3	x_4	右端
z_1			$-1/4$	$-5/4$	$-59/4$
x_2		1	$1/2$	$-1/2$	$5/2$
x_1	1		$-1/4$	$3/4$	$13/4$

这个最优解不是整数解,故需用割平面法进行切割. 因为两个 $\bar{b}_i$ 中,$5/2$ 的分数部分较大,故选用 x_2 - 行所对应的方程进行切割. 将该方程写成下述形式:
$$x_2 + \left(0 + \frac{1}{2}\right)x_3 + \left(-1 + \frac{1}{2}\right)x_4 = 2 + \frac{1}{2}.$$

故切割方程为 $-\frac{1}{2}x_3 - \frac{1}{2}x_4 + S_1 = -\frac{1}{2}$.

将此方程加入到表 6.1 中,得表 6.2(Ⅰ). 再用对偶单纯形法求解,得表

6.2（Ⅱ）．

表 6.2

		x_1	x_2	x_3	x_4	S_1	右端
（Ⅰ）	z_1			$-1/4$	$-5/4$		$-59/4$
	x_2		1	$1/2$	$-1/2$		$5/2$
	x_1	1		$-1/4$	$3/4$		$13/4$
	S_1			$-1/2$	$-1/2$	1	$-1/2$
（Ⅱ）	z_1				-1	$-1/2$	$-29/2$
	x_2		1		-1	1	2
	x_1	1			1	$-1/2$	$7/2$
	x_3			1	1	-2	1

该解还不是整数解．考虑表 6.2（Ⅱ）中 x_1 - 行的方程

$$x_1 + x_4 - \frac{1}{2}S_1 = \frac{7}{2}.$$

将它改写为

$$x_1 + (1+0)x_4 + \left(-1 + \frac{1}{2}\right)S_1 = 3 + \frac{1}{2},$$

故切割方程为 $-\frac{1}{2}S_1 + S_2 = -\frac{1}{2}$．

将此方程加入到表 6.2（Ⅱ）中，再用对偶单纯形法解之，得表 6.3．从表 6.3 知，我们已经得到整数最优解：$x_1^* = 4$，$x_2^* = 1$；最优值为 $z^* = 14$．

表 6.3

	x_1	x_2	x_3	x_4	S_1	S_2	右端
z_1				-1		-1	-14
x_2		1		-1		2	1
x_1	1			1		-1	4
x_3			1	1		-4	3
S_1				1	1	-2	1

例 2 用分枝定界法解下述 IP 问题：

$$\max \quad z = 15x_1 + 20x_2,$$
$$\text{s.t.} \quad 6x_1 + 4x_2 \leqslant 25,$$
$$x_1 + 3x_2 \leqslant 10,$$
$$x_1, x_2 \geqslant 0, \text{为整数}.$$

解 先不考虑整数条件，解所给问题的松弛问题(0). 容易求得该问题的最优解为 $x_1 = \dfrac{5}{2}$, $x_2 = \dfrac{5}{2}$, 相应的最优值为

$$z = \frac{175}{2} = 87\frac{1}{2}.$$

此最优解不是整数解. 我们取 x_1 进行分枝. 按 $x_1 \leqslant 2$ 和 $x_1 \geqslant 3$ 将所给问题分枝成两个子问题. 相应地，所给问题的松弛问题也分枝成两个子问题，我们分别记为问题(1)和问题(2). 以后，我们就把这一过程简单地说成为：将问题(0)分枝成问题(1)和问题(2).

问题(1)的最优解为 $x_1 = 2$, $x_2 = 2.67$；最优值为 $z = 83.3$. 问题(2)的最优解为 $x_1 = 3$, $x_2 = 1.75$；最优值为 $z = 80$.

因问题(1)的 z 值较大，故先对问题(1)分枝. 按照 $x_2 \leqslant 2$ 和 $x_2 \geqslant 3$ 将问题(1)分枝成问题(3)和问题(4).

解出问题(3)，结果为 $x_1 = 2$, $x_2 = 2$；$z = 70$.

解得问题(4)的结果为 $x_1 = 1$, $x_2 = 3$；$z = 75$.

这两个问题都是整数解，故它们已无需再分枝，且问题(4)的 $z = 75$ 较大，故取此数为 z 的下界，即 $\underline{z} = 75$. 这是到目前为止，我们所得到的最好的结果.

对问题(2)作类似的分析，详细过程可从图 6.1 中看出，此处就不写了.

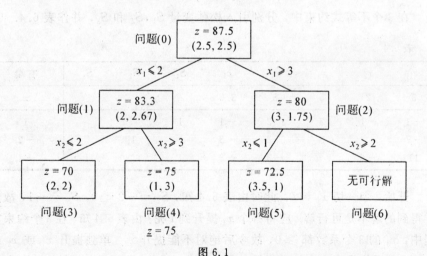

图 6.1

综上所述，可知所求的 IP 问题的最优解为 $x_1^* = 1$, $x_2^* = 3$；最优值为 $z^* = 75$.

例3 解下述 0-1 规划：

$$\max \quad z' = 3x'_1 + 2x'_2 - 5x'_3 - 8x'_4 + 3.5x'_5,$$
$$\text{s.t.} \quad x'_1 + x'_2 + 3x'_3 + 2x'_4 + x'_5 \leqslant 4,$$
$$7x'_1 + 3x'_3 - 4x'_4 + 3x'_5 \leqslant 8,$$
$$11x'_1 - 6x'_2 + 3x'_4 - 3x'_5 \geqslant 3,$$
$$x'_j = 0 \text{ 或 } 1, \quad j = 1, 2, \cdots, 5.$$

解 令 $z_1 = -z' = -3x'_1 - 2x'_2 + 5x'_3 + 8x'_4 - 3.5x'_5$，又令

$$x'_j = \begin{cases} 1 - x_j, & j = 1, 2, 5; \\ x_j, & j = 3, 4, \end{cases}$$

则有

$$z_1 = 3x_1 + 2x_2 + 5x_3 + 8x_4 + 3.5x_5 - 8.5.$$

把上述变量替换代入 3 个不等式约束中，并先去掉 z_1 中的常数项，于是，我们需要求解的问题变为

$$\min \quad z = 3x_1 + 2x_2 + 5x_3 + 8x_4 + 3.5x_5,$$
$$\text{s.t.} \quad -x_1 - x_2 + 3x_3 + 2x_4 - x_5 \leqslant 1,$$
$$-7x_1 + 3x_3 + 2x_4 - 3x_5 \leqslant -2,$$
$$11x_1 - 6x_2 - 3x_4 - 3x_5 \leqslant -1,$$
$$x_j = 0 \text{ 或 } 1, \quad j = 1, 2, \cdots, 5.$$

在 3 个不等式约束中，分别引入松弛变量 S_1, S_2 和 S_3，并作表 6.4.

表 6.4

x_1	x_2	x_3	x_4	x_5	S_1	S_2	S_3	右端
3	2	5	8	3.5				z
−1	−1	3	2	−1	1			1
−7		3	2	−3		1		−2
11	−6		−3	−3			1	−1

开始，令一切 $x_j = 0$. 此时由表 6.4 知，$S_2 = -2 < 0$，$S_3 = -1$，故这样得到的解不是可行解. 应将哪个 x_j 提升到 1 呢？由表 6.4 知，在 3 个约束方程中，x_3 的 3 个系数都 $\geqslant 0$，故今后绝对不能提升 x_3. 单独提升 x_1 或 x_2 或 x_4，也都不能带来完全的可行性，唯有提升 x_5 可以得到一个可行解. 故选 x_5 进行分枝. 接下去的分析工作见图 6.2.

在节点①：已得可行解，$z = 3.5$，作为上界 $\bar{z}$，故该点已查清.

在节点②：只有自由变量 x_1, x_2 和 x_4 可考虑提升. 因为

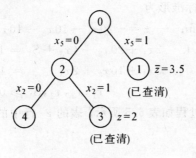

图 6.2

$$v_1 = 0 + 0 + (-12) = -12,$$
$$v_2 = 0 + (-2) + 0 = -2,$$
$$v_4 = -1 + (-4) + 0 = -4,$$

v_2 最大,故选 x_2 进行分枝,由此引出节点 ③ 和节点 ④.

在节点 ③:它是非可行解,$z = 2$. 若再提升任何其他一个 x_j,都会使 $z > 3.5$,故不能提,所以,此节点已查清.

在节点 ④:显然 x_3 和 x_4 均不可提升,因 $c_3 = 5$ 和 $c_4 = 8$,都大于 3.5. 可考虑提升 x_1,但只提升 x_1 得不到可行解;若再提升其他自由变量,均会使 $z > 3.5$,故也无分枝必要. 所以,此节点也已查清.

综上所述,知最优解为节点 ①:

$$x_5^* = 1, \quad \text{其余 } x_j^* = 0;$$

相应的 $z^* = 3.5$,而 $z_1^* = 3.5 - 8.5 = -5$.

回到原有变量,即有

$$x_1' = 1, \quad x_2' = 1, \quad x_3' = x_4' = x_5' = 0,$$

相应的 $z' = -z_1^* = 5$.

四、习题解答

1. 设有 IP:

$$\max \quad z = 20x_1 + 10x_2 + 10x_3,$$
$$\text{s.t.} \quad 2x_1 + 20x_2 + 4x_3 \leqslant 15,$$
$$6x_1 + 20x_2 + 4x_3 = 20,$$
$$x_1, x_2, x_3 \geqslant 0, \text{且为整数},$$

先把这个问题作为一个 LP 来解. 再说明不能用简单的取整方法得到一个整数可行解.

解 所给问题的标准形为

$$\min \quad -z = -20x_1 - 10x_2 - 10x_3,$$
$$\text{s.t.} \quad 2x_1 + 20x_2 + 4x_3 + S_1 = 15,$$
$$3x_1 + 10x_2 + 2x_3 = 10,$$
$$x_1, x_2, x_3, S_1 \geq 0.$$

相应 LP 问题的求解过程如表 6.5 所示,表的 z- 行中的 M, N 均代表正数(下同).

表 6.5

		x_1	x_2	x_3	S_1	右端
（Ⅰ）	$-z$	20	10	10		
		2	20	4	1	15
		3	10	2		10
（Ⅱ）	$-z$		$-M$	$-N$		$-200/3$
	S_1		$40/3$	$8/3$	1	$25/3$
	x_1	1	$10/3$	$2/3$		$10/3$

连续最优解为 $x_1 = \dfrac{10}{3}, x_2 = x_3 = 0$. 若简单取整为 $x_1 = 3, x_2 = x_3 = 0$,它不满足第二个约束条件,故不是可行解.

2. 考虑 IP:

$$\max \quad z = x_1 + 2x_2,$$
$$\text{s.t.} \quad x_1 + \frac{x_2}{2} \leq \frac{13}{4},$$
$$x_1, x_2 \geq 0, 且为整数.$$

先说明若不将约束条件的系数及常数项化为整数,用切割法便得不到可行解. 然后求出最优解.

解 若先不将约束条件的系数和常数化为整数,则求解过程如表 6.6 所示.

表 6.6

		x_1	x_2	S_1	右端
（Ⅰ）	$-z$	1	2		
	S_1	1	①/2	1	$13/4$
（Ⅱ）	$-z$	-3		-4	-13
	x_2	2	1	2	$13/2$

x_2 不是整数，x_2-行对应的方程为

$$(2+0)x_1 + (2+0)S_1 + x_2 = 6 + \frac{1}{2}.$$

切割方程为 $0x_1 + 0x_2 + S_1 = -\frac{1}{2}$. 无可行解.

现将约束条件的系数和常数化为整数：

$$4x_1 + 2x_2 + S_1 = 13.$$

此时求解过程如表 6.7 所示.

表 6.7

		x_1	x_2	S_1	右端
（Ⅰ）	$-z$	1	2		
	S_1	4	②	1	13
（Ⅱ）	$-z$	-3		-1	-13
	x_2	2	1	1/2	13/2

由 x_2-行得 $2x_1 + x_2 + \frac{1}{2}S_1 = 6 + \frac{1}{2}$. 所以切割方程为

$$-\frac{1}{2}S_1 + S_2 = -\frac{1}{2}.$$

将它加入上述最优表，得表 6.8 之（Ⅰ）. 用对偶单纯形法换基，得表（Ⅱ）. 所以最优解为 $x_1^* = 0$, $x_2^* = 6$；$z^* = 12$.

表 6.8

		x_1	x_2	S_1	S_2	右端
（Ⅰ）	$-z$	-3		-1		13
	x_2	2	1	1/2		13/2
	S_2			$-1/2$	1	$-1/2$
（Ⅱ）	$-z$	-3			-2	-12
	x_2	2	1		1	6
	S_1			1	-2	1

3. 用切割法解：

$$\max \quad z = 3x_1 + x_2 + 3x_3,$$

s.t. $-x_1 + 2x_2 + x_3 \leqslant 4,$

$4x_2 - 3x_3 \leqslant 2,$

$x_1 - 3x_2 + 2x_3 \leqslant 3,$

$x_1, x_2, x_3 \geqslant 0,$ 且为整数,

并比较取整的最优解和整数最优解.

解 所给问题的标准形为

$\min z_1 = -z = -3x_1 - x_2 - 3x_3,$

s.t. $-x_1 + 2x_2 + x_3 + S_1 = 4,$

$4x_2 - 3x_3 + S_2 = 2,$

$x_1 - 3x_2 + 2x_3 + S_3 = 3,$

$x_1, x_2, x_3, S_1, S_2, S_3 \geqslant 0.$

相应 LP 问题的求解过程如表 6.9 所示.

表 6.9

		x_1	x_2	x_3	S_1	S_2	S_3	右端
	$-z$	3	1	3				
(Ⅰ)	S_1	-1	2	1	1			4
	S_2		4	-3		1		2
	S_3	①	-3	2			1	3
	$-z$		10	-3			-3	-9
(Ⅱ)	S_1		-1	3	1		1	7
	S_2		④	-3		1		2
	x_1	1	-3	2			1	3
	$-z$			9/2		$-5/2$	-3	-14
(Ⅲ)	S_1			(9/4)	1	1/4	-3	15/2
	x_2		1	$-3/4$		1/4		1/2
	x_1	1		1/4		3/4	1	9/2
	$-z$				-2	-3	-5	-29
(Ⅳ)	x_3			1	4/9	1/9	4/9	10/3
	x_2		1		1/3	1/3	1/3	3
	x_1	1			1/9	7/9	10/9	16/3

连续最优解为

$$x_1 = \frac{16}{3}, \quad x_2 = 3, \quad x_3 = \frac{10}{3}.$$

若取整得$(5,3,3)$，它不符合第二个约束条件，不是可行解.

由表 6.9（Ⅳ）中的 x_1- 行得

$$x_1 + \frac{1}{9}S_1 + \frac{7}{9}S_2 + \left(1 + \frac{1}{9}\right)S_3 = 5 + \frac{1}{3}.$$

故切割方程为

$$-\frac{1}{9}S_1 - \frac{7}{9}S_2 - \frac{1}{9}S_3 + S_4 = -\frac{1}{3}.$$

将此加入上述最优表，继续求解过程如表 6.10 所示.

表 6.10

		x_1	x_2	x_3	S_1	S_2	S_3	S_4	右端
	$-z$				-2	-3	-5		-29
（Ⅰ）	x_3			1	4/9	1/9	4/9		10/3
	x_2		1		1/3	1/3	1/3		3
	x_1	1			1/9	7/9	10/9		16/3
	S_4				$-1/9$	$\boxed{-7/9}$	$-1/9$	1	$-1/3$
	$-z$				$-11/7$		$-32/7$	$-27/7$	$-194/7$
（Ⅱ）	x_3			1	3/7		3/7	1/7	23/7
	x_2		1		2/7		2/7	3/7	20/7
	x_1	1					1	1	5
	S_2				1/7	1	1/7	$-9/7$	3/7

由 x_2- 行得

$$x_2 + \frac{2}{7}S_1 + \frac{2}{7}S_3 + \frac{3}{7}S_4 = 2 + \frac{6}{7}.$$

故切割方程为

$$-\frac{2}{7}S_1 - \frac{2}{7}S_3 - \frac{3}{7}S_4 + S_5 = -\frac{6}{7}.$$

由此又得表 6.11 之（Ⅰ）. 换一次基以后，得表 6.11 之（Ⅱ）. 它已是最优表了.

所以最优整数解为

$$x_1^* = 5, \quad x_2^* = 2, \quad x_3^* = 2; \quad z^* = 23.$$

表 6.11

		x_1	x_2	x_3	S_1	S_2	S_3	S_4	S_5	右端
	$-z$				$-11/7$		$-32/7$	$-27/7$		$-194/7$
(Ⅰ)	x_3			1	3/7		3/7	1/7		23/7
	x_2		1		2/7		2/7	3/7		20/7
	x_1	1					1	1		5
	S_2				1/7	1	1/7	$-9/7$		3/7
	S_5				$-2/7$		$-2/7$	$-3/7$	1	$-6/7$
	$-z$						-3	$-3/2$	$-11/2$	-23
(Ⅱ)	x_3			1				$-1/2$	3/2	2
	x_2		1						1	2
	x_1	1					1		0	5
	S_2					1		$-3/2$	1/2	0
	S_1				1		1	3/2	$-7/2$	3

4. 再解习题 3, 但假定只有 x_1 和 x_3 是整数变量.

解 因为要求 x_1 为整数, 所以我们可以利用上题求解过程中所得到的一个结果, 即表 6.10 之 (Ⅱ). 其中, x_1 已取整数值, 但 x_3 还是取分数值, 故需再进行切割. 注意, 由表 6.10 (Ⅱ) 可知, x_3-行对应的方程为

$$x_3 + \frac{3}{7}S_1 + \frac{3}{7}S_3 + \frac{1}{7}S_4 = 3 + \frac{2}{7}.$$

故切割方程为

$$-\frac{3}{7}S_1 - \frac{3}{7}S_3 - \frac{1}{7}S_4 + S_5 = -\frac{2}{7}.$$

将它加入上述最优表, 得表 6.12 之 (Ⅰ). 换一次基, 得表 6.12 之 (Ⅱ). 它已是最优表了.

表 6.12

		x_1	x_2	x_3	S_1	S_2	S_3	S_4	S_5	右端
	$-z$				$-11/7$		$-32/7$	$-27/7$		$-194/7$
(Ⅰ)	x_3			1	3/7		1/7	1/7		23/7
	x_2		1		2/7		3/7	3/7		20/7
	x_1	1					1	1		5
	S_2				1/7	1	$-9/7$	$-9/7$		3/7
	S_5				$-3/7$		$-1/7$	$-1/7$	1	$-2/7$

续表

		x_1	x_2	x_3	S_1	S_2	S_3	S_4	S_5	右端
(Ⅱ)	$-z$						-3	$-10/3$	$-11/3$	$-80/3$
	x_3		1						1	3
	x_2			1				1/3	2/3	8/3
	x_1	1					1	1		5
	S_2					1		$-4/3$	1/3	1/3
	S_1				1		1	1/3	$-7/3$	2/3

所以最优解为

$$x_1^* = 5, \quad x_2^* = \frac{8}{3}, \quad x_3^* = 3; \quad z^* = \frac{80}{3}.$$

5. 用分枝定界法解习题 4.

解 连续最优解为 $x_1 = \frac{16}{3}$, $x_2 = 3$, $x_3 = \frac{10}{3}$. 用分枝定界法求解此题的过程如图 6.3 所示.

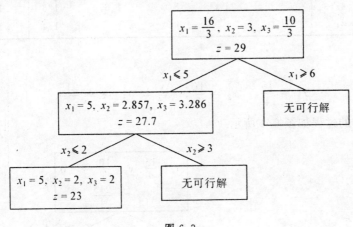

图 6.3

6. 用分枝定界法求解：

$$\max \quad z = 9x_1 + 6x_2 + 5x_3,$$

$$\text{s. t.} \quad 2x_1 + 3x_2 + 7x_3 \leqslant \frac{35}{2},$$

$$4x_1 \quad\quad + 9x_3 \leqslant 15,$$

$$x_1, x_2, x_3 \geqslant 0, \quad x_1, x_2 \text{ 为整数}.$$

解 所给问题的标准形为

$$\min \ z_1 = -z = -9x_1 - 6x_2 - 5x_3,$$
$$\text{s.t.} \quad 4x_1 + 6x_2 + 14x_3 + S_1 = 35,$$
$$4x_1 + 9x_3 + S_2 = 15,$$
$$x_1, x_2, x_3, S_1, S_2 \geqslant 0, \quad x_1, x_2 \text{ 为整数}.$$

相应连续问题的求解过程如表 6.13 所示.

表 6.13

		x_1	x_2	x_3	S_1	S_2	右端
（Ⅰ）	$-z$	9	6	5			
	S_1	4	6	14	1		35
	S_2	④		9		1	15
（Ⅱ）	$-z$		6	$-61/4$		$-9/4$	$-135/4$
	S_1		⑥	5	1	-1	20
	x_1	1		9/4		1/4	15/4
（Ⅲ）	$-z$			$-81/4$	-1	$-5/4$	$-215/4$
	x_2		1	5/6	1/6	$-1/6$	10/3
	x_1	1		9/4		1/4	15/4

所以

$$x_1 = \frac{15}{4}, \quad x_2 = \frac{10}{3}, \quad x_3 = 0; \quad z = \frac{215}{4}.$$

继续求解的过程如图 6.4 所示.

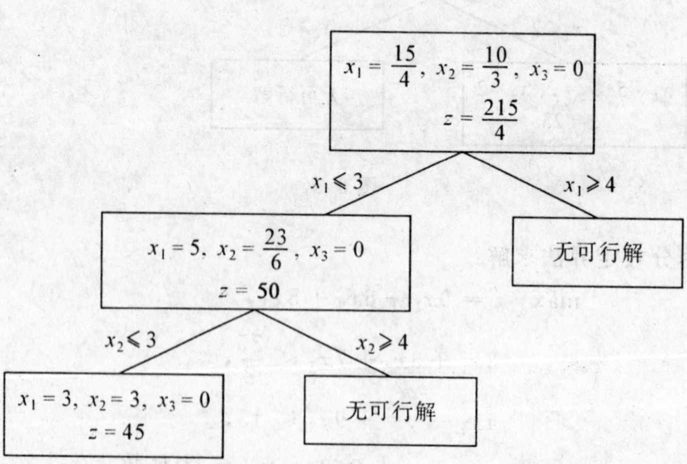

图 6.4

7. 试利用 0-1 变量将下列各种情况表示成线性约束条件:

(1) $2x_1 + x_2 \leqslant 3$ 或 $3x_1 - 4x_2 \geqslant 5$;

(2) 变量 x_3 只能取值 $0, 5, 9, 12$;

(3) 若 $x_2 \leqslant 4$, 则 $x_5 \geqslant 0$, 否则 $x_5 \leqslant 3$;

(4) 以下 4 个约束条件中至少满足两个:
$$x_6 + x_7 \leqslant 2, \quad x_6 \leqslant 1, \quad x_7 \leqslant 5, \quad x_6 + x_7 \geqslant 3.$$

解 设 M 为充分大正数,则

(1) $2x_1 + x_2 \leqslant 3 + (1-y)M$,
$3x_1 - 4x_2 \geqslant 5 - yM$,
$y = 0$ 或 1.

(2) $x_3 = 5y_1 + 9y_2 + 12y_3$,
$y_1 + y_2 + y_3 \leqslant 1$,
$y_i = 0$ 或 $1 \quad (i = 1, 2, 3)$.

(3) $x_2 \leqslant 4 + yM$,
$x_2 > 4 - (1-y)M$,
$x_5 \leqslant 3 + (1-y)M$,
$x_5 \geqslant -yM$,
$y = 0$ 或 1.

(4) $x_6 + x_7 \leqslant 2 + y_1 M$,
$\quad x_6 \leqslant 1 + y_2 M$,
$\quad x_7 \leqslant 5 + y_3 M$,
$-x_6 - x_7 \leqslant -3 + y_4 M$,
$y_1 + y_2 + y_3 + y_4 \leqslant 2$,
$y_i = 0$ 或 $1 \quad (i = 1, 2, 3, 4)$.

8. 某厂有 3 条生产线可以生产同一种机械产品. 现该厂接到一份订单,要求下月供应产品 1 000 件. 每条生产线的准备成本、单位产品的生产成本和下月最大生产能力见表 6.14. 问该厂应如何安排各条生产线的任务, 才能既使产量满足需求又使总成本最小? 试建立这一问题的数学模型(不需求解).

表 6.14

生产线	准备成本 / 元	每件生产成本	生产能力 / 件
1	200	15	400
2	400	10	500
3	300	20	800

解 设第 j 条生产线生产 x_j 件 ($j=1,2,3$)，则有

$$\min \quad z = 15x_1 + 10x_2 + 20x_3 + 200y_1 + 400y_2 + 300y_3,$$
$$\text{s. t.} \quad x_1 + x_2 + x_3 \geqslant 1000,$$
$$0 \leqslant x_1 \leqslant 400y_1,$$
$$0 \leqslant x_2 \leqslant 500y_2,$$
$$0 \leqslant x_3 \leqslant 800y_3,$$
$$y_i = 0 \text{ 或 } 1 \quad (i=1,2,3).$$

9. 某公司准备投资 10 000 元为它的产品做广告. 该公司对各种宣传方式和效果作了研究后，初步决定从表 6.15 列出的广告方式和可能受益的情况作出抉择. 问公司应怎样投资？试建立一个 IP 模型.

表 6.15

广告方式	电视台	报纸	杂志	电台
广告费／元	8 000	3 000	4 000	2 000
广告带来的潜在顾客数	50 万	25 万	30 万	15 万

解 令

$$x_j = \begin{cases} 1, & \text{若采用第 } j \text{ 种广告方式,} \\ 0, & \text{否则,} \end{cases} \quad j=1,2,3,4.$$

则有

$$\max \quad z = 50x_1 + 25x_2 + 30x_3 + 15x_4,$$
$$\text{s. t.} \quad 0.8x_1 + 0.3x_2 + 0.4x_3 + 0.2x_4 \leqslant 1,$$
$$x_j = 0 \text{ 或 } 1 \quad (j=1,2,3,4).$$

10. 用 0-1 隐枚举法解：

$$\min \quad z = 8x_1 + 2x_2 + 4x_3 + 7x_4 + 5x_5,$$
$$\text{s. t.} \quad 3x_1 + 3x_2 - x_3 - 2x_4 - 3x_5 \geqslant 2,$$
$$5x_1 + 3x_2 + 2x_3 + x_4 - x_5 \geqslant 4,$$
$$x_j = 0 \text{ 或 } 1, \text{ 对一切 } j.$$

解 所给问题的规范形式如下：

$$\min \quad z = 8x_1 + 2x_2 + 4x_3 + 7x_4 + 5x_5,$$
$$\text{s. t.} \quad -3x_1 - 3x_2 + x_3 + 2x_4 + 3x_5 + S_1 \qquad = -2,$$
$$-5x_1 - 3x_2 - 2x_3 - x_4 + x_5 \qquad + S_2 = -4,$$
$$x_1, x_2, \cdots, x_5, S_1, S_2 \geqslant 0.$$

先作一张如表 6.16 所示的表格，然后再进行求解.

表 6.16

		x_1	x_2	x_3	x_4	x_5	S_1	S_2	右端
（Ⅰ）	z	8	2	4	7	5			
	S_1	-3	-3	1	2	3	1		-2
	S_2	-5	-3	-2	-1	1		1	-4

求解过程如图 6.5 所示.

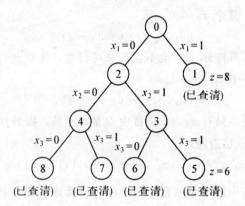

图 6.5

开始，令一切 $x_j = 0$，则
$$(S_1, S_2) = (-2, -4).$$
这是一个非可行解，它对应于图 6.5 中的节点⓪. 由表 6.16 可见，在各个 x_j 中，提升 x_5 只会使可行性更差，故今后不必考虑. 在其余 x_j 中，只有提升 x_1 可以得到一个可行解. 于是由 $x_1 = 1$ 和 $x_1 = 0$ 就分别引出节点①和②. 在节点①，$x_1 = 1$，其余 $x_j = 0$，而
$$(S_1, S_2) = (1, 1), \quad z = 8.$$
这是一个可行解，其值 $z = 8$ 可以作为未来任何一个可行解的 z 值的上界，即我们现在有 $\bar{z} = 8$. 显然，在节点①若再提升其他 x_j，都只会使 z 值增大，与求 $\min z$ 之目的相违背，故节点①已查清.

在节点②，单独提升 x_2, x_3, x_4 都不会带来可行性，而因
$$v_2 = 0 + (-1) = -1, \quad v_3 = -5, \quad v_4 = -7,$$
故提升 x_2 为 1，这就引出节点③和④，在节点③，$x_2 = 1$，其余 $x_j = 0$，而
$$(S_1, S_2) = (1, -1).$$

这是一个非可行解,故进一步考虑提升 x_3 或 x_4. 因 $v_3 > v_4$, 故提升 x_3, 这就产生节点⑤和⑥. 在节点⑤, $x_2 = x_3 = 1$, 其余 $x_j = 0$, 而
$$(S_1, S_2) = (0, 1), \quad z = 6.$$
这是一个可行解. 只要某个节点是可行解, 这个节点就被查清.

在节点⑥, $x_2 = 1$, $x_1 = x_3 = 0$, x_4 和 x_5 是自由变量, 提升 x_4 为 1 时, $S_1 = -1 < 0$, 已不可行, 若提升 x_5, 则可行性更差, 故无论是单独提升 x_4 或 x_5, 或同时提升 x_4 和 x_5, 都得不到可行解, 所以节点⑥已查清.

现研究节点④, 在该节点处 $x_1 = x_2 = 0$, 还有 x_3, x_4, x_5 三个自由变量, 但只需考虑 x_3, x_4, 因 $v_3 > v_4$, 故提升 $x_3 = 1$, 这就引出了节点⑦和⑧. 在节点⑦, $x_3 = 1$, 其余 $x_j = 0$, 而
$$(S_1, S_2) = (-3, -2).$$
这是非可行解, 若再提升 x_4, 也不会带来可行性, 故节点⑦被查清.

在节点⑧, 一切 $x_j = 0$,
$$(S_1, S_2) = (-2, -4),$$
是非可行解, 在该点只有 x_4, x_5 是自由变量, 显然, 提升这些变量都得不到可行解, 故节点⑧已查清.

故最优解为 $(x_1^*, x_2^*, x_3^*, x_4^*, x_5^*) = (0, 1, 1, 0, 0)$; $z^* = 6$.

11. 某公司在今后 3 年内有 5 项工程可以考虑施工. 每项工程的期望收入和年度费用(千元)见表 6.17. 每项工程都需 3 年才能完成. 问应选择哪些项目才能使总收入最大? 试将这一问题表示成一个 0-1 整数规则, 并用隐枚举法求解.

表 6.17

工 程	费 用 / 千元			收入 / 千元
	第一年	第二年	第三年	
1	5	1	8	20
2	4	7	10	40
3	3	9	2	20
4	7	4	1	15
5	8	6	10	30
资金拥有量 / 千元	25	25	25	—

解 令
$$x_j' = \begin{cases} 1, & \text{若施工第 } j \text{ 项工程}, \\ 0, & \text{否则}, \end{cases} \quad j = 1, 2, 3, 4, 5.$$

则有

$$\max \ z = 20x_1' + 40x_2' + 20x_3' + 15x_4' + 30x_5',$$
$$\text{s.t.} \ 5x_1' + 4x_2' + 3x_3' + 7x_4' + 8x_5' \leqslant 25,$$
$$x_1' + 7x_2' + 9x_3' + 4x_4' + 6x_5' \leqslant 25,$$
$$8x_1' + 10x_2' + 2x_3' + x_4' + 10x_5' \leqslant 25,$$
$$x_1', x_2', x_3', x_4', x_5' \geqslant 0.$$

令

$$z_1 = -z = -20x_1' - 40x_2' - 20x_3' - 15x_4' - 30x_5',$$

又令 $x_j = 1 - x_j'$，则有下述标准形：

$$\min \ z_1 = 20x_1 - 40x_2 + 20x_3 + 15x_4 + 30x_5 - 125,$$
$$\text{s.t.} \ -5x_1 - 4x_2 - 3x_3 - 7x_4 - 8x_5 + S_1 \qquad\qquad = -2,$$
$$-x_1 - 7x_2 - 9x_3 - 4x_4 - 6x_5 \qquad + S_2 \qquad = -2,$$
$$-8x_1 - 10x_2 - 2x_3 - x_4 - 10x_5 \qquad\qquad + S_3 = -6,$$
$$\text{一切 } x_j \geqslant 0, \quad S_1, S_2, S_3 \geqslant 0.$$

初始表如表 6.18 所示.

表 6.18

	x_1	x_2	x_3	x_4	x_5	S_1	S_2	S_3	右端
z_1	20	40	20	15	30				
S_1	-5	-4	-3	-7	-8	1			-2
S_2	-1	-7	-9	-4	-6		1		-2
S_3	-8	-10	-2	-1	-10			1	-6

继续求解过程如图 6.6 所示.

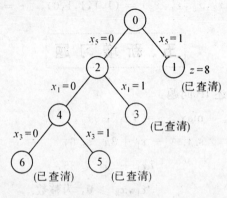

图 6.6

开始，令一切 $x_j = 0$，得节点①，此时，
$$(S_1, S_2, S_3) = (-2, -2, -6), \quad z = 0.$$
提升 x_2 与 x_5 均可，现提升 x_5 为 1，这就产生节点①和②。在节点①处，$x_5 = 1$，其 $x_j = 0$，而
$$(S_1, S_2, S_3) = (6, 4, 4), \quad z = 30.$$
已得可行解，所以节点①已查清，目前的上界 $\bar{z} = 30$，且由表 6.11 知，今后 x_2 不必提升，因 $c_2 = 40 > 30$。

在节点②，一切 $x_j = 0$，各 $S_i < 0$，仍不可行。考虑提升 x_1, x_3, x_4。因
$$v_1 = -1, \quad v_3 = -4, \quad v_4 = -5.$$
故提升 x_1 为 1，这就产生节点③和④。在节点③，$x_1 = 1$，其余 $x_j = 0$，而
$$(S_1, S_2, S_3) = (3, -1, 2),$$
不可行。在节点③处，若单独提升 x_3 或单独提升 x_4，或同时提升 x_3 和 x_4，都不能使 $S_3 > 0$。即都不会产生可行解，故节点③已查清。

在节点④，因 $v_3 > v_4$，故提升 x_3。这就引出节点⑤和⑥，在节点⑤，$x_3 = 1$，其余 $x_j = 0$，而
$$(S_1, S_2, S_3) = (1, 7, -4),$$
不可行。即使再提升 x_4 为 1，也仍有 $S_3 < 0$，即再也得不到可行解，故节点⑤已查清。

在节点⑥，实际上只有一个自由变量 x_4 可以考虑提升了，但由上面知 $v_4 = -5 < 0$，故即使提升 x_4 也得不到可行解，所以节点⑥也已查清。

所以最优解为 $(x_1, x_2, x_3, x_4, x_5) = (0, 0, 0, 0, 1)$。回到原问题，最优解为
$$(x_1', x_2', x_3', x_4', x_5') = (1, 1, 1, 1, 0), \quad z = 95.$$

五、新增习题

1. 用割平面法解下述 IP 问题：
$$\max \ z = 7x_1 + 9x_2,$$
$$\text{s. t.} \quad -x_1 + 3x_2 \leq 6,$$
$$7x_1 + x_2 \leq 35,$$
$$x_1, x_2 \geq 0, \ \text{为整数}.$$

2. 用分枝定界法解下述 IP 问题：

$$\max \quad z = 3x_1 + x_2 + 3x_3,$$
$$\text{s. t.} \quad -x_1 + 2x_2 + x_3 \leqslant 4,$$
$$4x_2 - 3x_3 \leqslant 2,$$
$$x_1 - 3x_2 + 2x_3 \leqslant 3,$$
$$x_1, x_2, x_3 \geqslant 0, \quad x_1, x_3 \text{ 为整数}.$$

3. 用隐枚举法解下述 0-1 规划问题：

(1) $\max \quad z = 2x_1 - x_2 + 5x_3 - 3x_4 + 4x_5,$
s. t. $\quad 3x_1 - 2x_2 + 7x_3 - 5x_4 + 4x_5 \leqslant 6,$
$\quad x_1 - x_2 + 2x_3 - 4x_4 + 2x_5 \leqslant 0,$
$\quad x_j = 0 \text{ 或 } 1 \quad (j = 1, 2, \cdots, 5).$

(2) $\max \quad z = 8x_1 + 2x_2 - 4x_3 - 7x_4 - 5x_5,$
s. t. $\quad 3x_1 + 3x_2 + x_3 + 2x_4 + 3x_5 \leqslant 4,$
$\quad 5x_1 + 3x_2 - 2x_3 - x_4 + x_5 \leqslant 4,$
$\quad x_j = 0 \text{ 或 } 1 \quad (j = 1, 2, \cdots, 5).$

新增习题答案

1. $x_1 = 4, x_2 = 3; z = 55.$

2. $x_1 = 5, x_2 = \dfrac{11}{4}, x_3 = 3; z = 26\dfrac{3}{4}.$

3. (1) $x_1 = 0, x_2 = 0, x_3 = x_4 = x_5 = 1; z = 6.$

   (2) $x_1 = 1, x_2 = 0, x_3 = 1, x_4 = x_5 = 0; z = 4.$

第七章
网络规划

一、基本要求

1. 掌握图、子图、链、路、树、支撑树等基本概念.
2. 掌握最小支撑树问题和最短路问题的算法.
3. 学会最大流问题的算法.
4*. 学会最小费用流问题的算法.

二、内容说明

1. 图论中的图和平面几何中所说到的图有很大差别. 图论中画图时, 对点的位置没有严格要求, 线段的长短并不是真实线段长度按比例的伸长或缩短. 在同一个图中, 看上去长度相同的两根线段, 可能一个代表 1 米, 另一个代表 100 米. 画出的两条线看上去相互平行或垂直, 而真实情况却不一定如此. 图论中甚至认为直线和曲线没有差别. 之所以允许这些情况出现, 是因为图论的研究任务与平面几何的研究任务完全不同.

2. 图论中的图分为无向图和有向图. 当没有明确指明是有向图时, 一般说的图就是指无向图. 无向图和有向图的许多概念是既相类似、相联系, 又相区别的. 无向图中谈的是点和边, 有向图中谈的是点和弧; 无向图中有链, 在有向图中除了有链之外, 还有一个路的概念. 最短路问题中要用到路的概念, 而在最大流问题中要用到有向图中链的概念.

3. 对于较简单的图, 求其最小支撑树时, 可以先把全部点画出, 然后按权从小到大的次序, 依次把相应的边加入图中 (当然不能成圈), 当全部点都已连成树时, 即已得到最小支撑树. 这样做, 就可以不必先把全部边都写出来.

4. 对于最短路问题, 当图 G 的每一条边的权都 $\geqslant 0$ 时, 要会求 G 的最短路. 这就是说, 要掌握 Dijkstra 算法. 当图 G 的边有负权的情况, 需用 Floyd 算法求解. 此法较难, 不作基本要求.

5. 在最大流算法中,当我们找到了一条从发点 v_s 到收点 v_t 的链以后,若该链中每一条弧的方向与从 v_s 到 v_t 的方向一致,且每条弧上,流量 < 容量,则整个这条链上的流量可以增大. 所以研究这种链的必要性,学生很容易理解. 但是,在调整可行流时,我们还要考虑另外一种从 v_s 至 v_t 的链,其中有些弧的方向与从 v_s 到 v_t 的方向一致,而还有一些弧,其方向却与从 v_s 到 v_t 的方向相反. 对于为什么要研究这种既有正向弧,又有反向弧的链,一些学生常常觉得不好接受. 其原因就在于他们还不能很好理解反向弧在调整流中的重要作用.

三、新增例题

例 1 求图 7.1 中图 G 的最小支撑树.

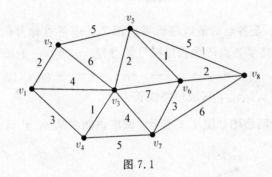

图 7.1

解 如图 7.2,首先取下边长为 1 的 2 条边 v_3v_4, v_5v_6,接着取下边长为 2 的 3 条边 v_1v_2, v_3v_5, v_6v_8,然后再取下边长为 3 的 v_1v_4, v_6v_7,至此,各点全被取下,已得一树,它即为所求.

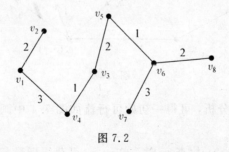

图 7.2

最小支撑树的权为 $1+1+2+2+2+3+3=14$.

例 2 求出图 7.3 中点 v_1 至其他各点的最短路长,并求出 v_1 至 v_{10} 的最短路线.

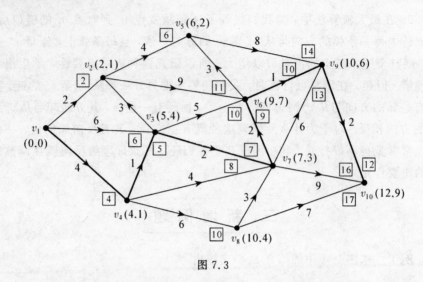

图 7.3

解 所求 v_1 至各点的最短路长可由图 7.3 中各点标号的第一个数字得知。此处我们省略了各点依次获得标号的过程。v_1 至 v_{10} 的最短路线为

$$v_1 \to v_4 \to v_3 \to v_7 \to v_6 \to v_9 \to v_{10},$$

简记为 $v_1 v_4 v_3 v_7 v_6 v_9 v_{10}$，其最短路线长为 12。

例 3 已给网络图如图 7.4 所示，试求该图中从 v_1 至 v_7 的最大流。

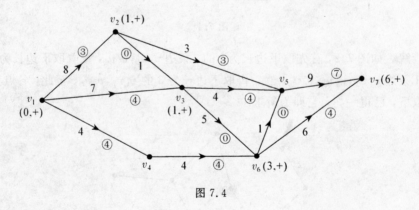

图 7.4

解 通过简单分析，可得一初始可行流如图 7.4 中画圈数字所示。现用标号法寻找增广链。

给 v_1 标号 $(0,+)$。检查 v_1 时，知 v_2,v_3 可获得标号。检查 v_3 时，发现 v_6 可获得标号。检查 v_6 时，知 v_7 可获得标号。于是得一增广链

$$\mu_1 = \{v_1, v_1 v_3, v_3, v_3 v_6, v_6, v_6 v_7, v_7\},$$

而且 μ 中各弧全为正向弧。易知

$$\theta = \min\{7-4, 5-0, 6-4\} = 2.$$
调整后的流如图 7.5 所示.

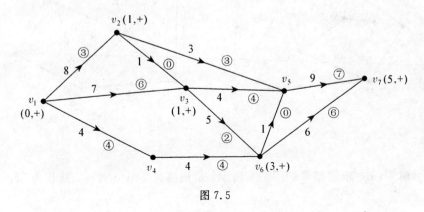

图 7.5

在图 7.5 中，通过标号法还可以找到一条增广链
$$\mu_2 = \{v_1, v_1v_3, v_3, v_3v_6, v_6, v_6v_5, v_5, v_5v_7, v_7\},$$
而且易知 $\theta = 1$.

调整后的流如图 7.6 所示. 检查 v_1 时，只有 v_2 可以获得标号. 检查 v_2 时，只有 v_3 可以获得标号. 检查 v_3 时，只有 v_6 可以获得标号. 而检查 v_6 时，再也找不到可以获得标号的点了，而 v_6 又不是收点，故该图所示的流已是最大流，其值为 14.

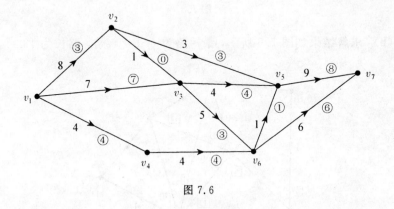

图 7.6

四、习题解答

1. 求图 7.7 中从 v_1 到具有最大标号点的最短路.

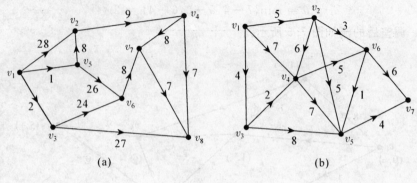

图 7.7

解 (a) 求解结果如图 7.8 所示，最短路为 $v_1 v_5 v_2 v_4 v_8$，路长为 25.

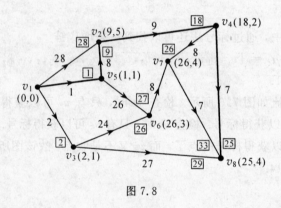

图 7.8

(b) 求解结果如图 7.9 所示，最短路为 $v_1 v_2 v_6 v_5 v_7$，路长为 13.

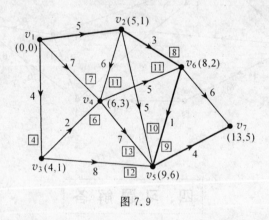

图 7.9

2. 解下述最短链问题. 矩阵中第 i 行与第 j 列相交处的元素表示点 i 与点 j 之间的距离 d_{ij}，并设对一切 i, j，有 $d_{ij} = d_{ji}$.

(a) 从点 1 到点 11.

	1	2	3	4	5	6	7	8	9	10	11
1	—	12	12	—	—	—	—	—	—	—	—
2	12	—	—	6	11	—	—	—	—	—	—
3	12	—	—	3	—	—	9	—	—	—	—
4	—	6	3	—	—	5	—	—	—	—	—
5	—	11	—	—	—	9	—	10	—	—	—
6	—	—	—	5	9	—	6	—	12	—	—
7	—	—	9	—	—	6	—	—	—	11	—
8	—	—	—	—	10	—	—	—	8	—	7
9	—	—	—	—	—	12	—	8	—	9	12
10	—	—	—	—	—	—	11	—	9	—	10
11	—	—	—	—	—	—	7	12	10	—	

(b) 从点 1 到点 10.

	1	2	3	4	5	6	7	8	9	10
1	—	—	25	14	—	—	—	—	—	—
2		—	7	2	8	—	—	—	—	—
3			—							
4						12	—			
5						—	—	18	13	—
6							—	20	—	
7							—	16	7	—
8								—		4
9									—	6

(c) 从点 1 到点 12.

	2	3	4	5	6	7	8	9	10	11	12
1	3	2	1	—	—	—	—	—	—	—	—
2		—	—	5	6	—	—	—	—	—	—
3			—	—	—	6	7	—	—	—	—
4				—	7	7	5	—	—	—	—
5					—	2	—	—	4	—	—
6						—	—	1	3	—	—
7							4	3	—	—	2
8								—	—	—	6
9									—	9	4
10										5	—
11											—

解 (a) 求解结果见图 7.10, v_1 到 v_{11} 的最短链为 $v_1 v_2 v_5 v_8 v_{11}$, 链长为 40.

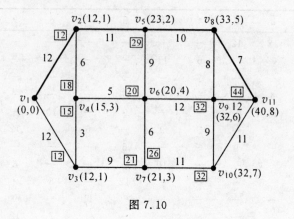

图 7.10

(b) 求解结果见图 7.11, v_1 到 v_{10} 的最短链为 $v_1 v_4 v_2 v_5 v_8 v_{10}$, 链长为 41.

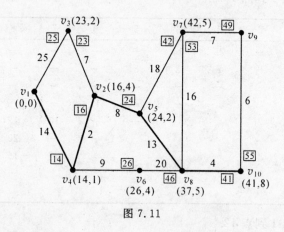

图 7.11

(c) 求解结果见图 7.12, v_1 到 v_{12} 的最短链为 $v_1 v_4 v_7 v_{12}$, 链长为 8.

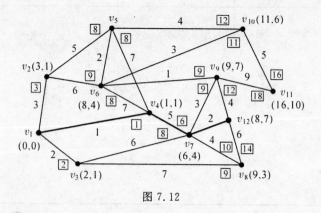

图 7.12

3. 对于上题中的各小题,求它们的最小支撑树.

解 (a) 求解结果如图 7.13 所示,最小支撑树的权为 75.

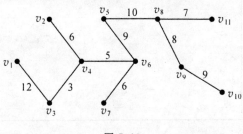

图 7.13

(b) 求解结果如图 7.14 所示,最小支撑树的权为 73.

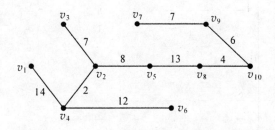

图 7.14

(c) 求解结果如图 7.15 所示,最小支撑树的权为 31.

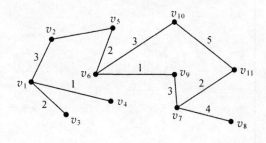

图 7.15

4. 解下述最大流问题,其中点 1 是发点(源点),具有最大标号的点是收点(汇点),矩阵中第 i 行与第 j 列相交处的元素表示弧 (i,j) 上的容量. 求出最大流,并找出最小截集.

(a)

	1	2	3	4	5	6	7	8
1	—	7	—	—	12	—	—	—
2	—	—	6	4	—	—	—	—
3	—	—	—	3	—	—	—	3
4	—	—	—	—	—	—	—	8
5	—	—	—	—	—	9	5	—
6	—	2	—	—	—	—	3	4
7	—	—	—	—	—	—	—	5
8	—	—	—	—	—	—	—	—

(b)

	1	2	3	4	5	6	7	8
1	—	2	3	—	—	—	—	—
2	—	—	—	4	8	—	—	—
3	—	—	—	2	1	—	—	—
4	—	—	—	—	—	2	6	—
5	—	—	—	—	—	5	4	—
6	—	—	—	—	—	—	—	8
7	—	—	—	—	—	—	—	9
8	—	—	—	—	—	—	—	—

(c)

	1	2	3	4	5	6	7	8	9
1	—	4	1	—	—	—	—	—	—
2	—	—	—	3	—	—	—	—	—
3	—	3	—	2	5	—	—	—	—
4	—	—	2	—	—	—	—	2	—
5	—	—	5	—	—	4	—	—	—
6	—	—	—	—	4	—	—	—	1
7	—	—	—	—	—	—	—	1	3
8	—	—	—	2	—	—	1	—	1
9	—	—	—	—	—	1	3	3	—

解 (a) 由观察法得初始流如图 7.16 所示,$v = 16$. 用标号法可以找到一条增广链

$$\{v_1, v_1v_5, v_5, v_5v_6, v_6, v_6v_2, v_2, v_2v_3, v_3, v_3v_4, v_4, v_4v_8, v_8\},$$

调整量为

$$\theta = \min\{12-9, 9-4, 2-0, 6-3, 3-0, 8-4\} = 2.$$

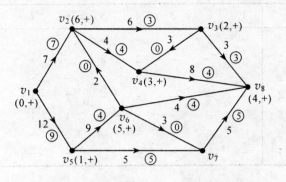

图 7.16

在增广链的各正向弧上都加 2，得新的流图如图 7.17 所示，$v=18$，再标号时，v_1,v_5,v_6 可以获得标号，但检查这三点时，再得不到新的标号点了，故此时已是最大流了．

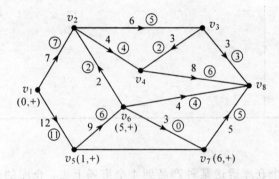

图 7.17

5. 解下述最小费用最大流问题：容量网络如上题所示而每条弧上的费用如下：

(a)

	1	2	3	4	5	6	7	8
1	—	5	—	—	3	—	—	—
2	—	—	3	3	—	—	—	—
3	—	—	—	1	—	—	—	8
4	—	—	—	—	—	—	—	7
5	—	—	—	—	—	2	3	—
6	—	2	—	—	—	—	6	4
7	—	—	—	—	—	—	—	5
8	—	—	—	—	—	—	—	—

(b)

	1	2	3	4	5	6	7	8
1	—	1	1	—	—	—	—	—
2	—	—	—	2	3	—	—	—
3	—	—	—	4	1	—	—	—
4	—	—	—	—	—	2	4	—
5	—	—	—	—	—	4	1	—
6	—	—	—	—	—	—	—	1
7	—	—	—	—	—	—	—	1

(c)

	1	2	3	4	5	6	7	8	9
1	—	1	1	—	—	—	—	—	—
2	—	—	—	1	—	—	—	—	—
3	—	—	—	1	2	—	—	—	—
4	—	—	—	—	—	—	—	2	—
5	—	—	—	—	—	2	—	—	—
6	—	—	—	—	—	—	—	—	1
7	—	—	—	—	—	—	—	—	2
8	—	—	—	—	—	—	—	—	1
9	—	—	—	—	—	—	—	—	—

解　略.

6. 今有 3 个仓库运送某种产品到 4 个市场上去, 仓库的供应量分别是 20, 20, 100 件, 市场的需求量分别是 20, 20, 60 和 20 件. 各仓库到各市场运送路线上的容量如下:

		市　场				供应量
		1	2	3	4	
仓库	1	30	10	—	40	20
	2	—	—	10	50	20
	3	20	10	40	5	100
需求量		20	20	60	20	

问根据现有路线容量, 能否满足市场的需求?

解　略.

7. 有 6 个村子, 相互间的道路及距离如图 7.18 所示. 已知各村的小学生人数为: A 村 50 人, B 村 40 人, C 村 60 人, D 村 20 人, E 村 70 人, F 村 90

人. 现在 6 个村决定合建一所小学. 问小学应建在哪个村,才能使学生上学最方便(走的总路程最短)?

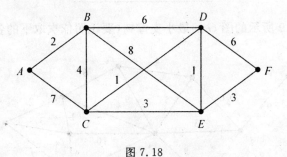

图 7.18

解 先求出任意两点间的最短距离,列于表 7.1 中.

表 7.1

	A	B	C	D	E	F
A	0	2	6	7	8	11
B	2	0	4	5	6	9
C	6	4	0	1	2	5
D	7	5	1	0	1	4
E	8	6	2	1	0	3
F	11	9	5	4	3	0

将表中每行数字分别乘上各村小学生数,得表 7.2.

表 7.2

	A	B	C	D	E	F
A	0	100	300	350	400	550
B	80	0	160	200	240	360
C	360	240	0	60	120	300
D	140	100	20	0	20	80
E	560	420	140	70	0	210
F	990	810	450	360	270	0
总和	2 130	1 670	1 070	1 040	1 050	1 500

按列相加,总和最小的列为 D 列,所以,小学应建在 D 村.

五、新增习题

1. 求如图 7.19 所示的图 G 的最小支撑树(要说明依次取下的各边).

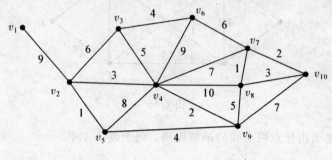

图 7.19

2. 已给一个赋权有向图如图 7.20 所示. 试求出该图中从 v_1 到 v_7 的最短路.

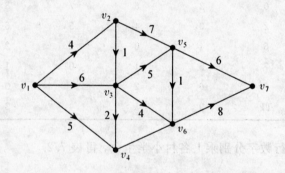

图 7.20

3. 已给一网络图如图 7.21 所示. 试求出从 v_1 到 v_7 的最大流.

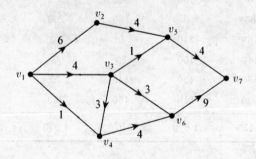

图 7.21

新增习题答案

1. 依次取下的各边为 $v_2v_5, v_7v_8, v_4v_9, v_7v_{10}, v_2v_4, v_3v_6, v_3v_4, v_8v_9, v_1v_2$. 最小支撑树的权为 32.
2. 最短路为 $v_1v_2v_3v_5v_7$，路长为 16.
3. 最大流的值为 9.

第 八 章
网 络 计 划

一、基本要求

1. 掌握活动、事项、时差、关键路线等基本概念.
2. 会计算活动和事项的各种时间参数.
3. 会确定关键路线.
4. 会对网络计划进行调整和优化.

二、内容说明

1. 单代号网络图和双代号网络图各有优点. 在绘制网络图时,用单代号网络图较为简便,而在计算各项时间参数时,双代号网络图较为方便. 要会将二者相互转化.

2. 虚活动纯粹只表示活动之间的前后关系,是万不得已而用之的,因而要尽量少用.

3. 计算时间参数的目的是要算出各项活动的时间参数. 但借助于节点(即事项)的时间参数,可使计算活动的时间参数变得更方便,更清楚. 因此,在时间参数计算中也包含了节点时间参数的计算,而且活动时间参数的计算与节点时间参数的计算是穿插进行的.

三、新增例题

例1 已给一张网络图如图 8.1 所示.
(1) 算出各个节点的时间参数.
(2) 确定关键路线.
(3) 算出活动 $(6,9),(6,10)$ 和 $(8,10)$ 的最早开始时间、最早完成时间、最迟开始时间、最迟完成时间和总时差.

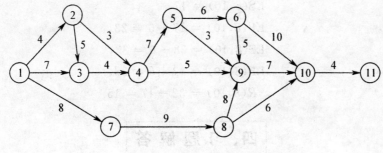

图 8.1

解 (1) 各个节点的时间参数标在图 8.2 中.

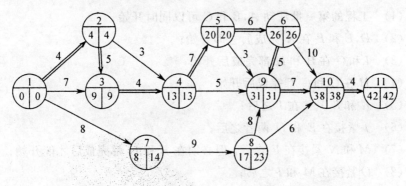

图 8.2

(2) 由于所给网络图比较简单，计算出节点的参数后，通过分析，不难知道，关键路线为

①→②→③→④→⑤→⑥→⑨→⑩→⑪

总工期为 42.

(3)
$$ES(6,9) = 26,$$
$$EF(6,9) = 26 + 5 = 31,$$
$$LS(6,9) = 26,$$
$$LF(6,9) = 26 + 5 = 31,$$
$$R(6,9) = 26 - 26 = 0;$$
$$ES(6,10) = 26,$$
$$EF(6,10) = 26 + 10 = 36,$$
$$LS(6,10) = 38 - 10 = 28,$$
$$LF(6,10) = 28 + 10 = 38,$$
$$R(6,10) = 28 - 26 = 2;$$

$$ES(8,10) = 17,$$
$$EF(8,10) = 17 + 6 = 23,$$
$$LS(8,10) = 38 - 6 = 32,$$
$$LF(8,10) = 32 + 6 = 38,$$
$$R(8,10) = 32 - 17 = 15.$$

四、习题解答

1. 根据下述活动关系，编制一张网络图，其中每个大写字母都代表一项活动：

(1) 工程的第一批活动 A,B 和 C 可以同时开始；

(2) D,E 和 F 在 A 完成后立即开始；

(3) I 和 G 在 B 和 D 都完成后开始；

(4) H 在 C 和 G 都完成后开始；

(5) K 和 L 紧接在 I 之后；

(6) J 紧接在 E 和 H 两者之后；

(7) M 和 N 紧接在 F 之后，但必须在 E 和 H 都完成后才能开始；

(8) O 紧接在 M 和 I 之后；

(9) P 紧接在 J,L 和 O 之后；

(10) K,N 和 P 是工程的结尾工作.

解 网络图如图 8.3 所示.

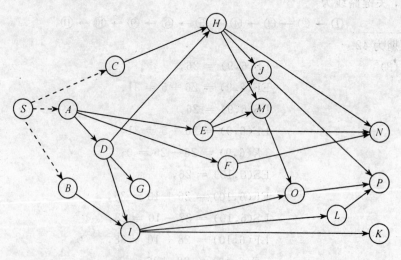

图 8.3

2. 已知如表 8.1 所示各种关系和数据,试绘制网络图,求出各节点、各活动的时间参数,确定关键路线和总工期.

表 8.1

活动	A	B	C	D	E	F	G	H	I	J
紧前活动	—	—	B	A,C	A,C	E	D	D	F,H	G
活动时间/天	10	5	3	4	5	6	5	6	6	4

解 各节点的最早开始时间及最迟结束时间已在图 8.4 中标明,各活动的时间参数如表 8.2 所示.

关键路线是 ① → ③ → ⑤ → ⑦ → ⑧,总工期为 27 天.

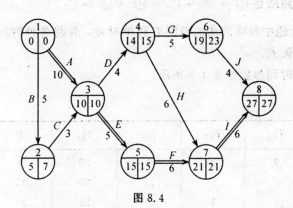

图 8.4

表 8.2

活动代号	T_{ES}	T_{EF}	T_{LS}	T_{LF}
(1,2)	0	5	2	7
(1,3)	0	10	0	10
(2,3)	5	8	7	10
(3,4)	10	14	11	15
(3,5)	10	15	10	15
(4,7)	14	20	15	21
(5,7)	15	21	15	21
(4,6)	14	19	18	23
(7,8)	21	27	21	27
(6,8)	19	23	23	27

173

3. 已知某项工程的网络图如图 8.5 所示，试确定其关键路线．

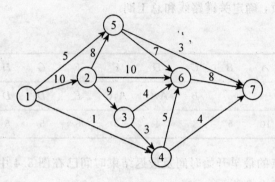

图 8.5

解 关键路线是 ①→②→③→④→⑥→⑦．

4. 计算上题中各项活动的总时差和单时差，并将各种时间参数的计算结果汇总成一张表．

解 各个时间参数如表 8.3 所示．

表 8.3

活动代号	T_{ES}	T_{EF}	T_{LS}	T_{LF}	R	R
(1,2)	0	10	0	10	0	0
(1,5)	0	5	15	20	15	13
(1,4)	0	1	21	22	21	21
(2,5)	10	18	12	20	2	0
(2,3)	10	19	10	19	0	0
(2,6)	10	20	17	27	7	7
(3,4)	19	22	19	22	0	0
(3,6)	19	23	23	27	4	4
(5,6)	18	25	20	27	2	2
(4,6)	22	27	22	27	0	0
(5,7)	18	21	32	35	14	14
(6,7)	27	35	27	35	0	0
(4,7)	22	28	31	35	7	9

5. 根据上题结果，编制对应的时间表，假定资源没有限制．

解 时间表如表 8.4 所示．关键路线已在图 8.6 中用双线标出．

表 8.4

活动	T_{ij}	R	1	2~5	6	7	8	9	10	11~13	14	15	16~19	20	21	22	23~26	27	28~33	34
(1,2)	10	0																		
(1,5)	5	15																		
(1,4)	1	21																		
(2,5)	8	2																		
(2,3)	9	0																		
(2,6)	10	7																		
(3,4)	3	0																		
(3,6)	4	4																		
(5,6)	7	2																		
(4,6)	5	0																		
(5,7)	3	14																		
(6,7)	8	0																		
(4,7)	4	7																		

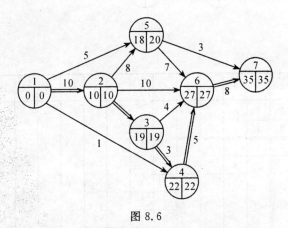

图 8.6

6. 某项工程的网络图如图 8.7 所示. 图中每条弧旁有两个数:前者为活动时间(天),后者是该活动每天所需人数. 现设这项工程交给某建筑队完

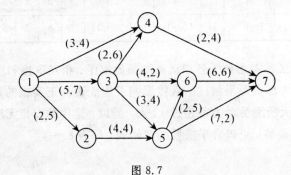

图 8.7

成，该队有劳力 12 人. 试问：该队根据现有资源情况完成此任务的最短工期是多少天？并为该队编制一张不超过劳力限额又较为均衡使用劳力的日程表.

解 网络图如图 8.8 所示，总工期为 16 天. 初始时间表如表 8.5 所示.

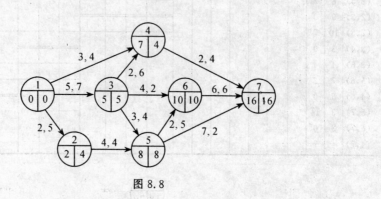

图 8.8

表 8.5

活动	T_{ij}	R	1	2	3	4	5	6	7	8	9	10	11	12	13	14	15	16
(1,2)	2	2	5	5														
(1,3)	5	0	7	7	7	7	7											
(1,4)	3	11	4	4	4													
(2,5)	4	2			4	4	4	4										
(3,5)	3	0						4	4	4								
(3,4)	2	7						6	6									
(3,6)	4	1						2	2	2	2							
(5,6)	2	0									5	5						
(5,7)	7	1									2	2	2	2	2	2	2	
(4,7)	2	7								4	4							
(6,7)	6	0											6	6	6	6	6	6
每天所需劳力数			16	16	15	11	11	16	12	10	13	7	8	8	8	8	8	6

这一安排虽然考虑到了各项活动的前后次序、相互衔接和所需时间等因素，但却没有考虑资源限制这一直接影响工程能否真正实施的重要因素. 其中有 5 天，每天所需劳动力都超过 12 人. 所以，这样的安排无法实行.

经过几次调整，可得合乎需要的时间表，即表 8.6.

表 8.6

活动	T_{ij}	R	1	2	3	4	5	6	7	8	9	10	11	12	13	14	15	16
(1,2)	2	2	5	5														
(1,3)	5	0	7	7	7	7	7											
(1,4)	3	11										4	4	4				
(2,5)	4	2			4	4	4	4										
(3,5)	3	0						4	4	4								
(3,4)	2	7							6	6								
(3,6)	4	1						2	2	2	2							
(5,6)	2	0									5	5						
(5,7)	7	1									2	2	2	2	2	2		
(4,7)	2	7													4	4		
(6,7)	6	0										6	6	6	6	6	6	
每天所需劳力数			12	12	11	11	11	10	12	12	9	11	12	12	12	12	8	6

7. 设有如图 8.9 所示的网络图,且每一活动的有关时间和费用如表 8.7 所示. 表 8.7 中的费用指的是直接费用;又设每天的间接费用为 50 元. 试求使总费用(直接费用与间接费用之和)最小的最优工期及相应的网络图.

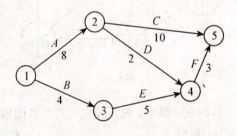

图 8.9

表 8.7

活动	正常		突击	
	时间/天	费用/元	时间/天	费用/元
A	8	100	6	200
B	4	150	2	350
C	10	100	5	400
D	2	50	1	90
E	5	100	1	200
F	3	80	1	100

解 有关数据如表 8.8 所示,按正常时间施工的网络图如图 8.10 所示,关键路线为 ①→②→⑤,总时间 $T=18$(天),总费用

$$C = 580 + 50 \times 18 = 1\,480 \text{(元)}.$$

表 8.8

活动	正常		突击		成本斜率 e	斜率编号
	时间	费用	时间	费用		
A	8	100	6	200	50	④
B	4	150	2	350	100	⑥
C	10	100	5	400	60	⑤
D	2	50	1	90	40	③
E	5	100	1	200	25	②
F	3	80	1	100	10	①

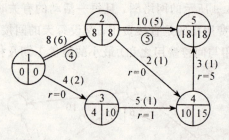

图 8.10

由图 8.10 知,(1,2) 的 e 最小,先压缩它,其突击限额 $\Delta T_1 = 8 - 6 = 2$,又 $\Delta T_2 = r(3,4) = 1$,所以

$$\Delta T = \min\{\Delta T_1, \Delta T_2\} = 1.$$

压缩后的图如图 8.11 所示,此时的

$$T = 17, \quad C = 580 + 50 + 50 \times 17 = 1\,480.$$

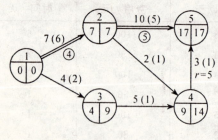

图 8.11

在图 8.11 中，仍应压缩(1,2). 其 $\Delta T_1 = 1$，压缩(1,2)时，$r(4,5)$会改变，此时的
$$\Delta T = \min\{7-6, r(4,5)\} = 1.$$
压缩后的图如图 8.12 所示，此时(1,2)已压缩到极限，而
$$T = 16, \quad C = 580 + 50 + 50 \times 16 = 1\,430.$$

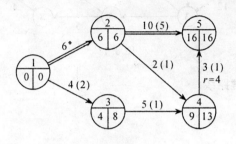

图 8.12

再压缩(2,5). 此时的 $\Delta T = \min\{5,4\} = 4$. 压缩后得图 8.13. 图中有两条关键路线，此时的
$$T = 12, \quad C = 630 + 60 \times 4 + 50 \times 12 = 1\,440.$$

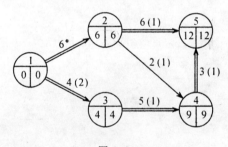

图 8.13

因为此后每压缩一天所增加的直接费用大于减少一天所节约的间接费用，故不必再压缩了.

比较以上结果可知，最优工期为 $T = 16$，最少费用为 $C = 1\,430$（元）.

五、新增习题

1. 已给一网络图如图 8.14 所示.
   (1) 算出各节点的时间参数.
   (2) 求出活动(4,7)和(3,5)的最早开始时间、最早完成时间、最迟开始

时间、最迟完成时间和总时差.

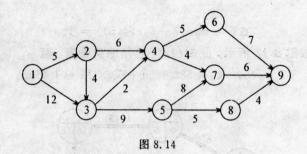

图 8.14

（3）确定关键路线.

新增习题答案

1. （1）略.

（2）$ES(4,7) = 14$，$EF(4,7) = 18$，$LS(4,7) = 25$，$LF(4,7) = 29$，$R(4,7) = 15$；$ES(3,5) = 12$，$EF(3,5) = 21$，$LS(3,5) = 12$，$LF(3,5) = 21$，$R(3,5) = 0$.

（3）关键路线为 ① → ③ → ⑤ → ⑦ → ⑨.